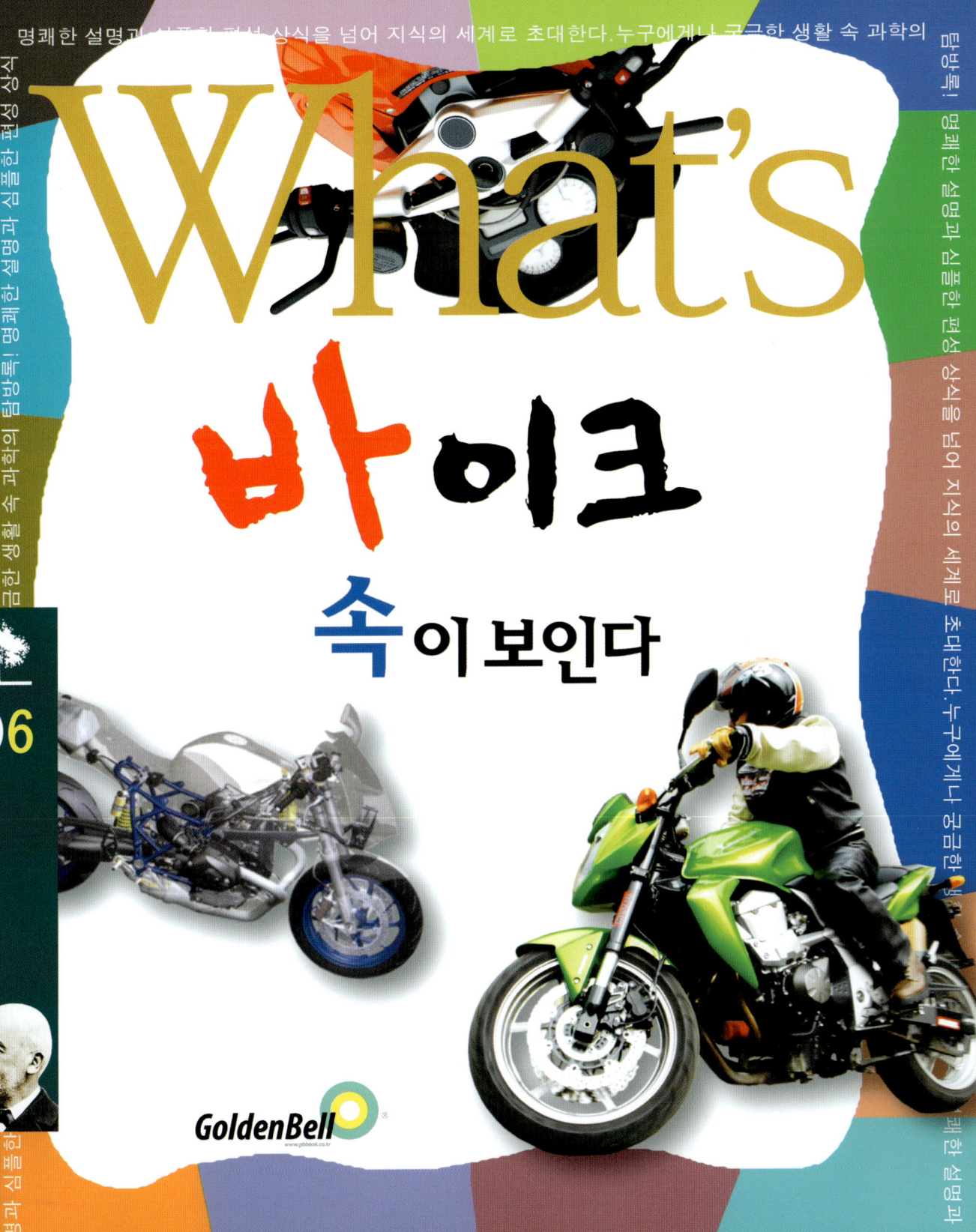

"새로운 얼굴로 바뀝니다"

골든벨의 얼굴(Corporate Identity)이 23년 만에 새로운 전략 시각 커뮤니케이션으로 변모했습니다. 영문 로고는 메인 타이틀로, 한글 로고는 책등[背面]에 주로 사용할 것입니다. **원형 컬러 세가닥은 지식의 전달을 종소리의 파장으로 상징**한 것입니다.

디자인은 「제일기획」의 신문화팀 '한성욱' 아티스트가 기획·제작한 것입니다.

PROLOGUE

　요즘에 나오는 바이크들은 참으로 잘 만들어져 있다. 웬만해서는 고장도 잘 안 나고, 라이더가 공구를 직접 들고 나설 일도 여간해서는 없다. 인젝션이나 ABS 등 컴퓨터를 사용하는 첨단 기술이 적용되는 일이 상식처럼 되어 있어서 점점 블랙박스 화되어 가는 바이크를 쉽게 분해하기가 어려워졌다는 것도 물론 있다.

　그러나 역시 바이크는 엔진에 바퀴 두 개 달린 기계 장치임에는 변함이 없다. 사용하다 보면 부품이 점점 낡아질 수밖에 없고, 소모품도 정기적으로 교환해 줘야 한다. 메인터넌스 작업을 하는 것은 전문 미캐닉들이지만, 고장이 발생할 소지가 있는 부분을 찾아내거나 정비시기에 맞춰 작업을 의뢰하는 사람은 바로 유리들 라이더이다.

　이 책은 바이크를 구성하고 있는 각 파츠를 항목별로 분류해 놓고, 정기적인 점검과 메인터넌스가 필요한 부분에 대해 알기 쉽게 해설해 놓은 것이 특징이다. 특히 자칫하면 잊고 넘어가기 쉬운 정검 항목을 시기 별, 주행거리 별로도 찾아 볼 수 있게 구성한 점이 반갑다. 일반적인 정보 나열보다는 우리들 라이더가 실생활에서 손쉽게 참고할 수 있도록 배려된 점에서 유익한 도서라고 추천하고 싶다.

　가뜩이나 모터사이클 관련 정보가 부족한 국내 실정 속에서 이러한 유용한 도서 발간을 끊임없이 추진하고 계신 골든벨 출판사 김길현 사장님의 안목에 경의를 표하는 동시에, 독자들이 이 책으로 인해 보다 안전하고 즐거운 바이크라이프를 영위하는 데에 도움이 되었으면 한다.

이 순 수

CONTENTS

[정비 주기] 빠르게 찾기 INDEX ·· 6
- bike gallery ·· 8

1장 엔진 정비

엔진 오일 정비
    엔진 오일 점검 ································· 40
    엔진 오일 교환 ································· 42
    카트리지식 오일 필터 교환 ················ 45
    내장식 오일 필터 교환 ······················· 48

냉각 계통 정비
    라디에이터 점검 ······························· 50

에어클리너 정비
    건식 에어클리너 정비 ······················· 52
    습식 에어클리너 정비 ······················· 54

카뷰레터 정비
    아이들링 조정 ··································· 56

머플러 정비
    배기가스 누출 점검 ··························· 57

연료 계통 정비
    연료 콕 정비 ····································· 58

클러치 정비
    클러치 와이어 정비 ··························· 60

시동 장치 정비
    시동 모터 정비 ································· 64

점화 플러그 정비
    점화 플러그 점검과 교환 ··················· 66

2장 차체 정비

스티어링 정비
    스티어링 점검 ··································· 84

서스펜션 정비
    프런트 서스펜션 점검 ······················· 85
    리어 서스펜션 점검 ··························· 86

브레이크 정비
    디스크 브레이크 점검 ······················· 87
    드럼 브레이크 점검과 조정 ··············· 90

구동 계통 정비
    드라이브 체인 정비 ··························· 92
    스프로킷 점검 ··································· 96

타이어, 휠 정비
    타이어 점검 ······································ 97
    스포크 점검 ······································ 98
    샤프트 드라이브 점검 ······················· 99

3장 전기 계통 정비

배터리, 퓨즈 정비
- 배터리 정비 ······················· 114
- 퓨즈 정비 ························· 117

라이트, 스위치류 정비
- 전조등 정비 ······················· 118
- 방향지시등 정비 ···················· 120
- 후미등, 정지등 정비 ················· 122
- 경음기 점검 ······················· 123

4장 바이크의 트러블 & 고민거리 해결법

엔진 관련 트러블 해결법
- 시동이 걸리지 않는다 ··············· 134
- 회전이 고르지 않다, 연비가 나쁘다 ···· 136
- 엔진 과열 ························· 138
- 공회전 부조 ······················· 139
- 엔진에서 잡소리가 난다 ············· 139
- 클러치가 미끄러진다 ················ 140

차체 관련 트러블 해결법
- 주행 중에 차체가 휘청거린다 ········· 141
- 주행 중에 핸들이 떨린다 ············ 142
- 브레이크가 잘 안 듣는다 ············ 143
- 서스펜션에서 오일이 샌다 ··········· 144

전기 관련 트러블 해결법
- 라이트가 켜지지 않는다 ············· 145
- 배터리 방전 ······················· 146

펑처 수리법
- 튜브 타이어 펑처 수리 ·············· 147
- 튜브리스 타이어 펑처 수리 ·········· 152

특집

[때 빼고 광내기] 테크닉
- Part 1 세차에 관한 기초 지식 ············ 28
- Part 2 세차하기 편한 도구 & 아이템 ······ 30
- Part 3 세차 & 광내기 테크닉 ············· 32

만족스런 정비를 위한
올바른 공구 사용법 & 편리한 도구들
- 반드시 갖춰야 할 공구 ················· 68
- 있으면 편리한 것 & 케미컬 제품 ········ 72
- 올바른 공구 사용법 ···················· 76

오프로드 바이크의 정비 & 트러블 슈팅
- 오프로드 바이크 세차 테크닉 ·········· 100
- 타이어 관련 트러블 슈팅 ·············· 106
- 만일의 사태에 대비한 트러블 해결법 ··· 108

반드시 알고 있어야 할 바이크의 기본사항
- Part 1 바이크 구성품의 이름을 외우자! ······ 124
- Part 2 주행 전에 확인해야 할 10가지 항목 ··· 126
- Part 3 라이딩 포지션을 조정하자! ············ 128

애마와 오래 사귀기 위한 라이더의 마음가짐
- 바이크를 아끼며 타는 법을 터득하자 ······· 154
- 바이크를 깨끗하게 보관하는 방법 ·········· 156

주행거리, 시간으로 정비시기를 알 수 있다!

[정비 주기] 빠르게 찾기 INDEX

이 책에서 소개하고 있는 내용의 정비시기를 주행거리, 시간으로 나타내 보았다.

● 주행거리로 정비시기를 확인

1,000km마다 해야 할 정비

엔진 오일 점검 ··················· 40
드라이브 체인 정비 ··············· 92
타이어 점검 ······················· 97
스포크 점검 ······················· 98

2,000km마다 해야 할 정비

점화 플러그 점검 (2스트로크 엔진) ······· 66

3,000km마다 해야 할 정비

엔진 오일 교환 ··················· 42
라디에이터 점검 ·················· 50
습식 에어클리너 정비 ·············· 54
클러치 와이어 정비 ················ 60
드럼 브레이크 점검과 조정 ········· 90

5,000km마다 해야 할 정비

건식 에어클리너 정비 ·············· 52
점화 플러그 점검 (4스트로크 엔진) ······· 66
점화 플러그 교환 (2스트로크 엔진) ······· 66
스티어링 점검 ···················· 84
프런트 서스펜션 점검 ·············· 85
리어 서스펜션 점검 ················ 86
디스크 브레이크 점검 ·············· 87
스프로킷 점검 ···················· 96
배터리 정비 ····················· 114

6,000km마다 해야 할 정비

카트리지식 오일 필터 교환 ········· 45
내장식 오일 필터 교환 ············· 48

10,000km마다 해야 할 정비

배기가스 누출 점검 ················ 57
연료 콕 정비 ····················· 58
시동 모터 정비 ··················· 64
점화 플러그 교환 (4스트로크 엔진) ······· 66

20,000km마다 해야 할 정비

샤프트 드라이브 점검 ·············· 99

● 시간으로 정비시기를 확인

2주일마다 해야 할 정비

타이어 점검 ··· 97
스포크 점검 ··· 98

1개월마다 해야 할 정비

엔진 오일 점검 ··· 40
드라이브 체인 정비 ··· 92

3개월마다 해야 할 정비

습식 에어클리너 정비 ··· 54
점화 플러그 점검 (2스트로크 엔진) ··· 66
드럼 브레이크 점검과 조정 ··· 90

6개월마다 해야 할 정비

엔진 오일 교환 ··· 42
카트리지식 오일 필터 교환 ··· 45
라디에이터 점검 ··· 50
건식 에어클리너 정비 ··· 52
클러치 와이어 정비 ··· 60
점화 플러그 점검 (4스트로크 엔진) ··· 66
스티어링 점검 ··· 84
프런트 서스펜션 점검 ··· 85
리어 서스펜션 점검 ··· 86
디스크 브레이크 점검 ··· 87
스프로킷 점검 ··· 96
배터리 정비 ··· 114

12개월마다 해야 할 정비

내장식 오일 필터 교환 ··· 48
연료 콕 정비 ··· 58
시동 모터 정비 ··· 64

24개월마다 해야 할 정비

배기가스 누출 점검 ··· 57
샤프트 드라이브 점검 ··· 99

상태가 의심스러우면 점검한다

아이들링 조정 ··· 56
퓨즈 정비 ··· 117
전조등 정비 ··· 118
방향지시등 정비 ··· 120
후미등, 정지등 정비 ··· 122
경음기 점검 ··· 123

bike gallery

1. 네이키드

　엔진이나 프레임, 헤드라이트 등이 겉으로 노출된 전통적인 스타일의 바이크. 라이더는 주행풍을 그대로 맞게 되지만 바로 그렇기 때문에 시원한 개방감을 맛 볼 수 있다. 헤드라이트나 엔진 일부분에 작은 카울을 장착한 모델도 네이키드라고 부를 경우가 있다.

네이키드

가와사키 제퍼(1989년)

심플한 철 프레임에 아름다운 조형미의 공랭 4기통 400cc 엔진을 탑재한 가와사키 제퍼는 1989년에 등장해서 순식간에 인기 모델이 되었다. 그 후에 750cc, 1100cc의 후속 모델도 판매되었다.

혼다 CB1300 SUPER FOUR〈ABS〉

동그란 헤드라이트, 파이프 핸들, 존재감 있는 연료 탱크, 고전적인 2가닥 서스펜션, 철 파이프 프레임, 보기에도 멋진 엔진이 매력인 혼다 CB1300 SUPER FOUR 〈ABS〉.

가와사키 ZRX1200DAEG

더블 크레이들 프레임에 수랭 DOHC 4밸브 엔진을 탑재하는 가와사키 ZRX1200DAEG. 일본인 체격에 맞춘 핸들 위치는 U턴 등 일상 라이딩에서 높은 조작성을 발휘한다.

클래식

가와사키 W650

아름다운 모터사이클을 만들어 보고 싶다는 가와사키의 정열을 느낄 수 있는 W650. 베벨 기어로 구동되는 캠샤프트, 발로 밟아 시동을 거는 킥스타트 등 큰 소유감을 만족시켜 주는 모델.

모토굿지 V7 클래식

1967년에 등장했던 V7을 현대에 부활시킨 모토굿지 V7 클래식. 길쭉한 연료 탱크, 모토굿지만의 크랭크 세로형 V트윈 엔진은 보편적인 아름다움을 느끼게 한다.

스트리트 파이터

KTM 990 SUPERDUKE

차량 중량을 186kg으로 억제하고 120ps를 발휘하는 고성능 999cc DOHC V트윈 엔진을 탑재하는 KTM 990 SUPERDUKE. 스윙암에 직접 연결된 리어 쇽 업서버는 단단한 스프링을 채용하고, 외장품의 날렵한 엣지가 공격적인 인상을 준다.

스즈키 B-KING

익사이팅한 스타일에 선진적인 기술을 갖추어서 두터운 토크와 가슴이 후련해지는 엔진 응답성을 실현한 스즈키 B-KING.

2. 슈퍼스포츠

 말 그대로 스포티하게 달리는 것이 전문인 바이크. 서킷에서 풀 스로틀로 달리면 레이싱 라이더의 기분을 만끽할 수 있으며, 고속 주행의 바람과 맞서기 위해 라이더의 자세는 바이크에 엎드리는 듯한 전경 자세가 나온다.

● 레이서 레플리카

▼ 스즈키 RG250Γ(1983년)

전장×전폭×전고
2050×1195×685(mm)
차량 건조중량 131kg
수랭 2스트로크 병렬 2기통
총배기량 247cc
최고출력 45ps/8500rpm
최대토크 3.8kg-m/8000rpm
변속기 형식 6단 리턴식

▼ 혼다 NSR250R(1986년)

1986년에 등장한 혼다 NSR250R은 수랭 2스트로크 90도 V형 2기통 249cc 엔진을 탑재하고 있었다. 마찰 저항을 줄인 1축 크랭크 샤프트와 컴퓨터로 제어되는 가변 배기밸브 시스템 등 당시의 최신 기술을 구사해서 동급 최경량인 125kg(건조중량)을 실현했다.

혼다 VFR750R(1987년)

전장×전폭×전고
2045×1100×700(mm)
차량 건조중량 180kg
수랭 4스트로크 V형 4기통
총배기량 748cc
최고출력 112ps/11000rpm
최대토크 7.4kg-m/10500rpm
변속기 형식 6단 리턴식

프로덕션 레이스의 베이스 차량으로 개발된 VFR750R(RC30). 티타늄 커넥팅로드와 마그네슘 합금 실린더헤드 커버, 퀵 릴리스 방식 프론트 포크, 알루미늄 연료 탱크 등 워크스 레이서 RVF750의 레플리카라고 불릴 자격이 있는 내용을 갖추고 있다.

슈퍼스포츠

혼다 CBR1000RR

전장×전폭×전고
2075×1130×680(mm)
차량 건조중량 201kg
수랭 4스트로크 병렬 4기통
총배기량 999cc
최고출력 118ps/9500rpm
최대토크 9.7kg-m/8250rpm
변속기 형식 6단 리턴식

전자제어 유압 스티어링 댐퍼 HESD와 전후 연동 전자식 컴바인드 ABS 브레이크를 갖춘 CBR1000RR〈ABS〉도 라인업에 있다.

bike gallery

▼ 야마하 YZF-R1

모토GP 머신 YZR-M1으로 개발한 크로스 플레인 크랭크 샤프트를 비롯해서 전자제어 스로틀 YCC-T, 가변 에어 인테이크 YCC-I 등 선진 기술이 아낌없이 투입되어 있다.

▼ 스즈키 GSX-R1000

출력 특성을 바꿀 수 있는 S-DMS를 비롯해서 모노블록 캘리퍼와 BPF(Big Piston Frontfork), 모토GP 머신을 방불케 하는 티타늄 머플러 등 높은 전투력을 갖추고 있다.

▼ 가와사키 Ninja ZX-10R

불필요한 타이어 공회전을 억제하는 가와사키 이그니션 매니지먼트 시스템을 채용한다. 램에어 가압시에는 200ps의 압도적인 파워를 발휘하는 동급 최강 엔진을 갖추고 있다.

🔻 BMW S1000RR

엔진 출력 특성을 4단계 모드로 바꿀 수 있는 기능을 비롯해서 리어 타이어의 그립력을 최대한으로 이끌어내는 트랙션 컨트롤 시스템 등 전자제어 기술이 투입되어 있다.

🔻 두카티 1198 CORSE SE

사형 주조 크랭크 케이스, 티타늄 밸브와 커넥팅로드, 올린즈의 풀 어저스터블 TTXR 서스펜션 등 팩토리 레이싱 머신에 한없이 가까운 프리미엄 바이크이다.

🔻 아프릴리아 RSV4 FACTORY

65도 V4 엔진의 강력한 파워를 전자제어 스로틀로 컨트롤하는 라이드 바이 와이어를 채용한다. 배기 디바이스와 연동으로 엔진 파워를 제어한다.

3. 투어러

투어링, 즉 여행을 위한 도구로서의 기능을 중시한 모델을 투어러라고 한다. 선회력이나 가속력뿐 아니라 높은 방풍성능과 대형 연료 탱크, 피곤해지지 않는 라이딩 자세, 2인 승차를 고려한 장비 등이 특징이다. 내비게이션이나 오디오 등 호화로운 장비를 싣고 있는 경우가 많다.

투어러

혼다 골드윙〈에어백·내비〉

매립형 내비게이션 시스템을 채용하고 있으며, 핸들을 쥔 상태로 각종 조작이 가능하도록 디자인되어 있다.

BMW R1200RT

방풍성이 좋은 전동식 윈드 스크린, 27리터 용량의 연료 탱크, 쾌적한 시트, 짐을 싣기 편한 대형 캐리어, 비오는 날에도 안심인 ABS, 내구성이 높은 샤프트 드라이브, 대용량 패니어 케이스 등 장거리 투어와 2인 승차를 거뜬히 치러내는 BMW R1200RT.

2인 승차, 장거리 투어를 전문으로 하는 빅 투어러 BMW R1200RT.

스포츠 투어러

혼다 VFR1200F

1986년에 등장한 이래로 스포츠 투어러로 높은 지지를 받고 있는 VFR은 독자적인 고동감을 자랑하는 신설계 1200cc V형 4기통 엔진, 샤프트 드라이브 구동방식, 스로틀 바이 와이어 방식 스로틀 보디 등을 채용해서 스포티한 운동성능과 높은 질감의 승차감을 양립하고 있다.

스즈키 BANDIT 1250F ABS

라이더의 안전을 위한 ABS를 비롯해서 기어 포지션 인디케이터와 시프트 인디케이터 등 밴디트 시리즈 상위 모델다운 호화로운 장비를 탑재하고 있다.

야마하 FJR1300 ABS

2인 승차로 열흘간 3000km를 쾌적하게 주행할 수 있는 고차원의 주행성능을 지닌 세계 최고 수준의 유럽대륙 횡단 투어러 FJR1300 ABS. 전자제어 방식 클러치를 채용하고 있다.

4. 메가스포츠

    고성능의 스포츠 주행이 가능하면서도 쾌적한 장거리 주행까지…. 슈퍼스포츠도 아니고 투어러도 아닌 메가스포츠 모델은 대배기량 엔진을 탑재하고 시속 300km의 최고 속도를 자랑한다. 각 메이커마다 자존심을 걸고 만들어내는 카테고리이다.

메가스포츠

가와사키 GPZ900R Ninja(1984년)

최고 속도 240km/h 이상, 400m 가속 10.976초의 경이적인 동력 성능으로 폭발적인 인기를 끌었던 모델. 사이드 캠체인 방식 수랭 엔진을 탑재한다.

혼다 CBR1000XX BLACK BIRD

1996년 당시 세계 최속인 164ps의 고성능 엔진을 탑재하고 혼다가 세계 최강 자리를 노려서 내놓은 모델. 공력 특성이 우수한 풀 카울을 갖추었다.

스즈키 HAYABUSA

주행풍을 원활하게 흘려보내는 카울 디자인은 수많은 풍동 실험을 거쳐서 완성되었다. 최신 퓨얼 인젝션 시스템은 32비트, 1024KB의 CPU를 갖춘 ECM(엔진 컨트롤 모듈)가 제어한다.

5. 크루저

절대적인 성능보다는 바이크만의 개방감을 즐기면서 느긋하게 달리는 분위기를 추구하는 카테고리로서 전통적인 스타일을 고수하는 할리데이비슨을 필두로 전세계 여러 메이커로부터 수많은 모델이 나오고 있다.

크루저/아메리칸

야마하 VS400 드랙스타

고급스런 주행 필링과 도심 속 패션과도 잘 어울리는 스타일이 인기를 끌고 있다.

할리데이비슨 FXDWG 다이나 와이드글라이드

두 발을 앞으로 뻗는 와일드한 승차 자세가 특징이다.

bike gallery

🔽 혼다 VT1300X

로우&롱 스타일의 늘씬한 차체에 핸들 위치가 높게 설정되어 있다.

광폭 타이어를 장착한 커스텀 바이크들

🔽 야마하 VMAX

성난 파도 같은 가속감과 내부에 충만한 에너지를 표현한 역동적인 디자인을 하고 있다.

🔽 할리데이비슨 VRSC V-ROD 머슬

근미래를 상징하는 조형미와 궁극적인 로우&롱 스타일이 특징이다.

6. 듀얼퍼퍼스

　포장되지 않은 길도 달릴 수 있도록 개발된 기종을 오프로드 바이크라고 부르지만, 포장도로에서도 당연히 잘 달린다. 가냘프고 가벼운 차체에 충격 흡수력이 좋은 서스펜션과 블록 패턴 타이어를 채용해서 포장, 비포장도로를 불문하고 높은 주파력을 갖춘 바이크를 듀얼퍼퍼스라고 부른다.

듀얼퍼퍼스

- 야마하 WR250R

스크램블러

- 혼다 CL72(1962년)

모타드

- 가와사키 D트랙커 125X

bike gallery

7. 스쿠터

부담없이 누구나 탈 수 있는 커뮤터로 인기를 얻고 있는 것이 스쿠터이다. 클러치 조작이 불필요한 오토매틱 미션, 두 발을 가지런히 모아서 앉는 승차 자세, 화물을 싣기 편한 대용량 트렁크, 엔진이나 기계 장치가 안 보이도록 카울로 싸인 차체 등이 특징이다. 250cc 급을 중심으로 폭넓은 연령층으로부터 지지를 받고 있다.

스쿠터

스즈키 어드레스 V125G

편리성이 높은 소형 스쿠터.

야마하 마제스티

길이 107mm, 약 60리터 용량의 트렁크 공간을 갖추고 있는 야마하 마제스티 250.

혼다 실버윙 GT〈600〉

고급스런 소유감을 맛볼 수 있는 대배기량 스쿠터.

8. 레이서

레이스나 경기가 열리는 전용 트랙을 달리도록 개발, 제작된 전용 바이크를 레이싱 바이크, 또는 레이서라고 한다. 일반 공도를 달리는 이동수단이 아니라, 스포츠나 경주를 하기 위한 특수 바이크에는 각 메이커의 첨단 기술이 적용되어 있다.

로드레이서

야마하 TZ250

로드레이스 참가자를 위해 주문 제작 방식으로 판매하던 TZ 시리즈는 가벼운 차체에 93ps의 고출력을 발휘하는 2스트로크 엔진을 탑재한다.

가와사키 ZX-6R 레이스 베이스 차량

일본 로드레이스 ST600전에 출전하는 선수들을 위해 판매하는 가와사키 ZX-6R 레이스 베이스 차량.

엔듀로 레이서

가와사키 KLX450R

엔진은 중저속 영역을 강화하고, 미션 감속비를 전용으로 설계해서 스로틀 조작에 대한 컨트롤성을 높이고 있다.

bike gallery

모토크로서

야마하 YZ450F

곧게 뻗은 흡배기 통로로 중전효율을 높이기 위해, 실린더를 뒤로 숙이고 전방 흡기/ 후방 배기라는 독자적인 설계가 이루어져 있다. 덕분에 질량 집중화에 유리해서 우수한 핸들링 특성도 실현하고 있다.

더트트랙 레이서

할리데이비슨 XR750

트라이얼러

혼다 RTL260F

알루미늄 프레임에 SOHC 4밸브 엔진을 탑재하며, 킥으로 시동을 걸면 AC 발전기가 인젝션 시스템과 점화계통, 라디에이터 냉각팬 등에 전원을 공급한다.

야마하 TYS350F

bike gallery

9. 비즈니스 바이크

스포츠 주행을 즐기거나 투어링을 떠나는 레저용 바이크 말고도, 비즈니스를 위해 특화된 바이크도 있다. 신문 배달용이나 음식 배달용, 퀵 서비스, 경찰 바이크 등이 있다.

▼ 혼다 슈퍼커브 110 프로

앞바퀴 위에 대형 바구니, 뒷바퀴 위에 짐받이를 표준으로 장비하고 있는 비즈니스 모델이다.

▼ 혼다 자이로 캐노피

음식 배달용으로 개발된 3륜 바이크. 무거운 물건을 운반하는 데에도 요긴하게 사용된다.

▼ 경찰용으로 판매되는 BMW R1200RT 폴리스

여경 교통기동대. 마라톤 경기의 선도나 이벤트 데모 주행 등 홍보 활동에 적극적으로 참가하고 있다.

오토매틱 이륜차면허 교습용 혼다 실버윙 400. 연습 중에 넘어지더라도 차체를 보호하는 범퍼가 달려 있다.

2차 세계대전 중에 미국 군사용으로 제작된 1942년 할리 데이비슨 XA750. V트윈이 아니라 수평대향 2기통 엔진을 채용하고 있는 점이 흥미롭다.

애마를 깨끗하게! 반짝거리게!
「때 빼고 광내기」 테크닉

세차와 왁스칠하기의 기본부터 고난도 테크닉까지! 트러블 방지에도 도움 되는 노하우를 소개한다.

바이크를 세차해서 좋은 점이란 단순히 바이크가 깨끗해지기 때문만은 아니다. 찌든 때를 제거함으로써 중요한 기능 부품이 원활히 작동하도록 해주고, 바이크의 트러블이나 고장 부위를 일찌감치 발견할 수 있게 해주는 점이 더 크다. 바이크가 지저분해서는 여간해서 망가진 곳을 찾아내기란 어렵다. 세차는 바이크 정비의 첫걸음인 것이다.

Part 1 　 세차에 관한 기초 지식

세차하기 전에 확인해야 할 사항들. 날씨와 장소를 비롯해서 바이크에 물 뿌리는 요령까지 누구나 알기 쉽도록 소개한다.

▶ 세차하기 좋은 날씨란?

흐린 날이 가장 좋다

　세차를 할 때에는 당연히 물을 사용하기 때문에 맑은 날에 하는 것이 좋다고 대부분의 사람들이 생각한다. 그러나 맑은 날에는 햇빛 때문에 바이크의 플라스틱 외장 파츠가 쉽사리 뜨거워지고, 세제나 물기가 너무 빨리 말라 버린다. 세제는 마르기 전에 물로 씻어내는 것이 기본이다. 바이크 표면에 묻은 채로 말라 버리면 얼룩이 남기 쉽다. 맑은 날이라도 세제가 마르기 전에 서둘러 씻도록 주의를 한다면 괜찮지만, 느긋한 마음으로 꼼꼼하게 세차하기 좋은 날은 태양이 숨어있는 흐린 날이 최고다.

그림자의 어두운 부분도 맑은 날보다 약하기 때문에 구석진 곳의 더러움이나 파손 부위를 관찰하기도 편하다

구름이 낀 흐린 날은 세제가 햇빛에 너무 빨리 말라 버리는 일이 없으므로 느긋하게 세차 작업을 할 수가 있다

▶ 세차는 포장된 지면에서

세차 후의 뒷정리에도 신경 쓰자

　바이크를 세차할 때에는 포장된 지면 위에서 하자. 자갈밭이나 잔디밭이라면 몰라도 흙바닥에서 세차해 봐야 오히려 흙탕물이 묻을 뿐이다. 또 세차를 할 때에는 주위 환경에도 신경을 쓰도록 한다. 씻어낸 흙이나 기름때는 그대로 바닥에 방치하지 말고 빗자루나 솔로 쓸어 모아서 반드시 쓰레기로 처리하자. 집 근처에서 세차하기가 여의치 않다면 셀프 세차장을 이용하는 것도 좋다.

지면이 살짝 기울어져 있는 곳은 물이 잘 빠져서 세차하기에 안성맞춤이다

물 뿌리는 법

전장 부위에는 살살 뿌린다

세차는 우선 바이크 전체에 물을 뿌리는 것으로 시작된다. 물통에 물을 담아 와서 조금씩 적시면서 닦아도 괜찮지만, 작업 효율이나 편리함을 생각한다면 수도꼭지에 호스를 연결해서 뿌리는 것이 바람직하다. 호스 끝에 다양한 물줄기로 바꿀 수 있는 노즐이 달려 있다면 금상첨화다. 요즘의 바이크는 방수 대책이 매우 잘 되어 있으므로 너무 겁먹을 필요는 없다. 물을 뿌리는 주된 목적은 먼지나 진흙을 흘려 내려 보내는 것이므로 너무 강한 고압 노즐보다는 물을 넓게 뿌릴 수 있는 샤워기 노즐이 좋다.

주의할 점은, 전기 장치의 스위치가 모여 있는 이그니션(키 실린더) 둘레나 핸들의 좌우 스위치 뭉치에는 샤워 노즐을 너무 가깝게 대고 뿌리지 말 것. 또한, 머플러 배기구에 물이 들어가지 않도록 한다.

비포장도로를 달릴 일이 많은 오프로드 바이크는 세차할 기회도 그만큼 많다. 포장도로만 달리는 온로드 바이크는 여간해서 세차할 일이 드물지만 애마의 성능을 유지하기 위해서라도 한 달에 한 번은 세차를 해주자

바이크를 상중하 세부분으로 나누어서 위부터 차례로 물을 뿌린다

호스와 노즐을 사용해서 충분한 양의 물을 뿌려 주자. 차체 윗부분부터 시작해서 점차 아래쪽을 향해 물을 뿌리면 효율적이다

이그니션(키 실린더) 둘레에 물을 뿌릴 때에는 반드시 열쇠를 빼 놓을 것. 열쇠를 꽂은 상태에서는 키 실린더의 셔터가 열려 있기 때문에 물이 속으로 스며들기 쉽기 때문이다

반드시 열쇠를 뺀 상태에서 세차할 것

스위치 박스에는 틈새가 많으므로 노즐을 너무 가까이 대면 내부에 물이 스며들 우려가 있다

스위치 박스에는 수압이 걸리지 않도록

Part 2 세차하기 편한 도구 & 아이템

물과 세제, 걸레가 있으면 아쉬운 대로 세차를 할 수는 있다. 그러나 부위에 따라 어울리는 아이템을 갖춰 놓으면 세차의 효율성은 크게 올라간다. 나에게 맞는 도구나 왁스를 찾는 일도 세차를 즐겁게 해준다.

물통

물통은 바이크에 물을 뿌릴 때나 세제를 물에 풀 때에 사용한다. 호스로 물을 계속 뿌리는 것보다 물통에 담아 세차하는 것이 경제적이기도 하다. 일반적인 플라스틱 양동이라도 충분하지만, 사진의 제품처럼 세차 도구를 몽땅 수납할 수 있도록 설계되어 있는 것도 있다.

뚜껑을 덮으면 의자나 발판으로도 사용할 수 있는 아이디어 상품이다

세제

세차용 샴푸나 가정용 중성세제를 사용한다. 세차용 샴푸는 거품이 물에 잘 씻기기 때문에 일반 중성세제보다 사용하기가 더 편리하다. 세제를 물에 탈 때에는 라벨에 표시되어 있는 희석비율을 따를 것. 중성세제의 경우는 물 5리터에 세제 5~10cc 정도가 좋다.

세차 브러시

휠이나 엔진 하부 둘레 등을 닦을 때에 요긴하게 쓸 수 있는 것이 브러시다. 큼지막한 진흙때 등은 물을 뿌리면서 브러시로 떨어낸다.

호스를 연결해서 브러시 사이로 물을 뿌릴 수 있는 제품도 있다

세차 스펀지

연료 탱크나 앞뒤 펜더, 사이드 커버 등을 닦을 때에는 표면에 상처가 나지 않도록 부드러운 스펀지를 사용하면 좋다. 사용한 후에는 잘 헹구도록 하고, 스펀지에 이물이 끼어있지 않은지 확인해 두자.

걸레

물기나 때를 닦아낼 때에 사용한다. 4~5장 정도 넉넉히 준비해 놓으면 작업이 편하다.

물기 제거용 걸레, 왁스 걸레

세무 재질로 된 걸레는 헝겊 걸레보다 물을 빨아들이는 능력이 높아서 효율성이 좋다. 왁스칠 할 때에는 왁스 전용 걸레를 사용하도록 한다.

왁스

연료 탱크나 카울 등 외장 파츠에는 고체형보다 스프레이 방식의 액체 왁스가 작업성이 좋아서 추천하고 싶다.

내열 왁스

엔진이나 머플러 등 고온으로 달구어지는 부위에는 전용 내열 왁스를 사용하자. 광도 나고, 녹이나 열로부터 금속을 보호해 준다.

클리너 & 왁스

도금 파츠의 때를 지우는 동시에 광택 피막을 형성해서 광을 내주는 것이 클리너 & 왁스다. 알루미늄 부위에는 알루미늄 광택용 왁스를 사용하자.

휠 클리너

세제로 닦아도 지워지지 않는 휠 둘레의 때를 벗길 때에 이것을 사용하면 좋다.

시트 클리너

합성 피혁으로 만들어진 시트의 때나 기름기를 제거하는 전용 클리너.

컴파운드

미세하게 긁힌 상처나 찌든 때를 없앨 때에 도움이 된다. 입자가 거친 것부터 고운 것까지 다양한 종류가 마련되어 있다.

Part 3 세차 & 광내기 테크닉

바이크를 세차할 도구들이 갖춰졌다면 실제로 세차를 해보자. 부위에 따라 적합한 아이템을 선택해서 작업하도록 한다. 닦는 노하우나 관리법에 대해서 알아두자.

1 세차 & 광내기 순서 — 바이크를 세제로 씻는다

신속하게, 꼼꼼하게

먼저 바이크 전체에 물을 뿌려 적시면서 큼지막한 흙탕물이나 먼지 등을 씻어낸 다음에는 세제를 사용해서 씻는다. 세제는 바이크에 묻어 있는 때를 제거하는 작용이 있지만, 세제 성분이 남아 있으면 그것이 오히려 새로운 때를 묻게 만드는 원인이 된다. 세제로 씻을 때에는 얼룩이 남지 않도록 신속하게 작업을 진행해야 한다. 또, 세제를 씻어낼 때에는 세제 성분이 남지 않도록 꼼꼼하게 닦아 내도록 주의하자.

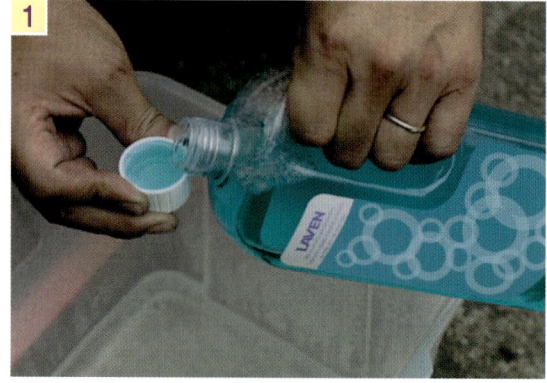

1

세차하기에 필요한 만큼만 세제를 물에 푼다

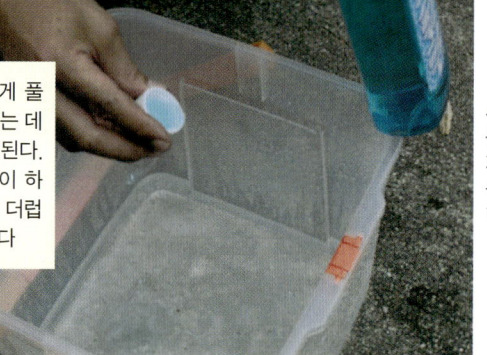

2

중성세제를 너무 진하게 풀면 세제 성분을 닦아내는 데에 많은 물이 필요하게 된다. 또 씻겨나간 세제성분이 하수로 흘러들어 환경을 더럽히는 원인이 되기도 한다

세차용 세제를 사용할 경우에는 지정된 비율로 희석한다. 가정용 중성세제를 사용할 경우에는 물과 세제의 비율이 100대 1~2 정도가 적합하다

3

차체에 묻은 거품(세제 성분)이 말라 버리면 얼룩이 지게 된다. 거품은 신속한 세차 작업 진행을 위한 기준이 되므로 세제를 물에 풀 때에는 충분히 거품을 만들어 두는 것이 좋다

세제를 물에 풀었으면 골고루 잘 섞는다. 어느 정도 섞였으면 세차 스펀지에 적셔서 쥐어 짜면서 거품을 만든다

4

거품을 충분히 묻힌 스펀지로 닦는다. 처음에 물을 뿌릴 때와 마찬가지로 위에서 아래쪽으로 닦는다

때가 섞인 물이나 세제는 높은 곳에서 낮은 곳으로 흘러가므로 처음부터 낮은 부분을 닦아봐야 일을 두 번 하는 꼴이 된다

우선 윗부분을 닦고, 그 다음에 중간 부분, 그리고 마지막으로 아래 부분을 닦는다

5

깨끗한 부위, 기름때가 많은 부위 등을 구분해서 전용 스펀지를 마련해 두면 작업 효율이 올라간다

세제 성분이나 때가 녹아 있는 거품이 햇빛을 받아 말아버리면 얼룩이 생기게 된다. 거품이 다 마를 것 같으면 스펀지로 다시 한 번 가볍게 닦아서 마르지 않도록 한다

6

펜더의 안쪽 면, 프레임과 엔진 틈새 등 눈에 잘 안 띄는 부분도 깨끗하게 씻겼는지 확인한다

전체를 세제로 닦았으면 거품과 때를 물로 씻어낸다. 위에서 아래로 흘러보내듯이 물을 뿌리는 것이 요령이다

물 세차가 끝나면 물통이나 스펀지에 남아 있는 세제 성분을 잘 헹구어내고, 응달에서 말린다

2 세차 & 광내기 순서 — 물기를 제거한다

물기를 남기지 말도록

표면에 거품이 남으면 얼룩이 지듯이 물기가 표면에 남아도 물때가 생기는 원인이 된다. 거품을 씻어낸 다음에는 자연스럽게 마르도록 방치하는 것이 아니라 신속하게 걸레 등으로 닦아 내도록 한다. 4~5장의 걸레를 마련해 놓고 수시로 바꿔가며 물기를 제거하거나, 흡수성이 좋은 세무 계통 걸레를 사용하는 것도 좋다. 물기를 제거한 다음에 왁스칠을 하게 되는데, 왁스칠이 끝난 다음에는 엔진을 걸어서 그 열로 남아 있는 물기를 증발시키자.

물기를 제거할 때에는 흡수성이 좋은 걸레를 사용하도록 하자

세무 소재는 흡수성이 좋고 물을 짜내기도 편하다

3 세차 & 광내기 순서 — 구석진 곳은 브러시로

좁은 틈새까지 꼼꼼하게

노즐의 수압을 높여서 물을 뿌려도 공랭 엔진의 냉각핀 틈새 등 비좁은 장소에 숨어있는 때는 여간해서 닦이지 않는다. 잘 닦이지 않는다고 해서 방치해 두면 열로 인해 때가 눌어붙어서 더욱 닦아내기 어려워진다. 이럴 때에는 나일론 소재 브러시 등을 사용해서 깨끗해질 때까지 꼼꼼하게 닦아내도록 하자.

공랭 엔진의 냉각핀 등 비좁은 장소의 때를 닦아낼 때에는 나일론 브러시 등이 표면에 상처를 내지 않으므로 좋다

낡은 칫솔이나 젓가락, 면봉 등 가정용품을 활용해도 좋다

4. 세차 & 광내기 순서 왁스칠을 한다

세차 작업의 마무리

세제로 물 세차하고 물기를 닦아낸 단계에서 세차 작업을 끝내도 좋지만, 이왕에 깨끗하게 세차한 상태를 오래 유지하려면 바이크를 부위 별로 왁스칠을 해두는 것이 바람직하다. 대부분의 왁스는 발수 효과가 있으므로 물 세차 후에 방치했을 때보다는 녹을 방지해주고 광택을 살려 준다. 반짝거리는 애마를 보면 힘들여 세차한 보람도 더 커진다. 만약 왁스칠을 하지 않더라도, 최소한 클러치 와이어 급유(P60 참조), 체인 급유(P92~ 참조) 등 물 세차로 손실된 유분을 보급하는 정비는 반드시 실시하도록 하자.

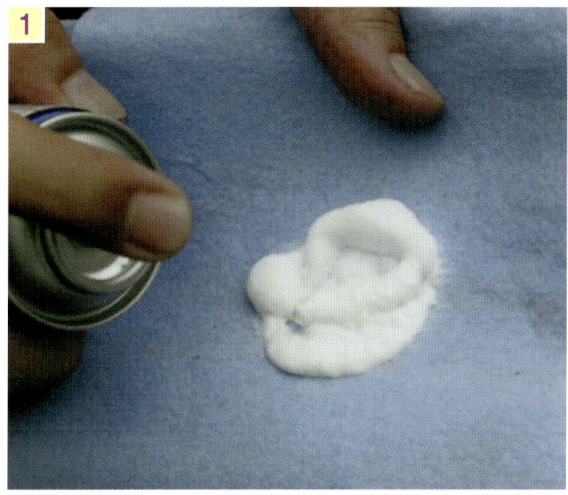

1. 스프레이 식 액체 왁스를 왁스 걸레에 묻혀서 닦는다. 너무 많이 묻히지 말고 조금씩 수시로 묻혀서 닦는다

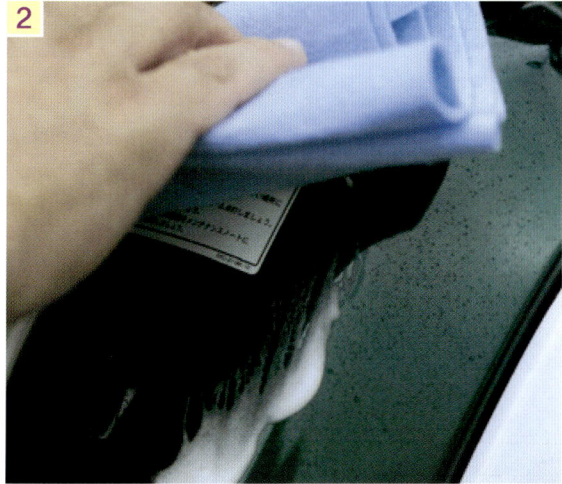

2. 차체 표면에 얇게 퍼지도록 닦는다. 걸레의 왁스 성분이 없어지면 다시 조금 묻혀서 닦는 작업을 반복한다

○ 왁스는 직선적으로 교차하여 바르는 것이 얼룩의 발생을 억제하는 방법이다

왁스를 바를 때에는 직선적으로 바르도록 한다

✗ 원을 그리듯이 바르면 왁스 얼룩이 남기 쉽다. 얼룩을 닦아내려면 두 번 일을 하게 된다

왁스칠하기 전과 한 후의 비교

왁스칠하기 전	왁스칠한 후

도장면이 다소 거칠다. 광택도 별로 나지 않는다	왁스 성분의 발수 효과로 물방울이 맺히지 않고, 얼룩도 잘 남지 않게 된다

뜨거운 부분 손질

배기관이나 머플러, 엔진 등 뜨거운 부위에는 내열성을 지닌 전용 왁스를 사용한다

뜨거운 장소에 묻은 때를 방치해 두면 눌어붙어 버린다. 때가 묻었을 때마다 신속하게 제거하는 습관을 들이자

때가 눌어붙지 않도록 평소부터 내열 왁스를 발라 보호해 두도록 한다

도금 파츠 손질

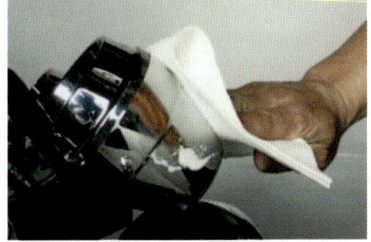

왁스는 광택 효과 말고도 금속 파츠의 녹 방지에도 효과가 있다

도금 파츠에는 도금 전용 왁스 (클리너)를 사용한다

광택도 살고 녹 방지에도 효과적이다

드라이브 체인, 레버 & 페달 손질

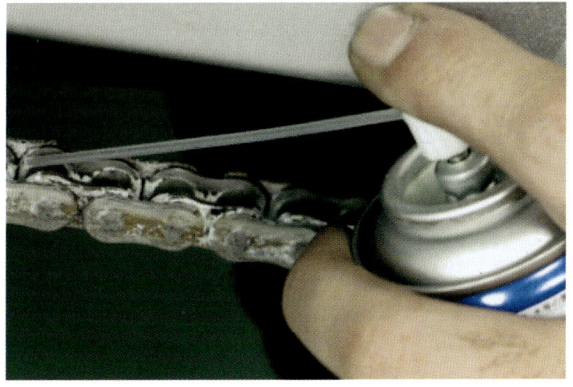

드라이브 체인이나 레버, 페달 가동부에는 점도가 높은 그리스를 사용한다

왁스칠하기 어려운 곳

그리스를 바를 수 없는 경우에는 윤활제를 대용 하지만 급유는 빠짐없이 하여야 한다

클러치 와이어나 스로틀 케이블 등의 급유는 스프레이 타입 그리스를 사용한다

필요한 부위의 급유를 잊지 말도록

왁스칠까지 다 마쳤으면 각종 와이어나 드라이브 체인, 브레이크 & 클러치 레버, 페달의 가동부 등에 그리스 또는 방청윤활제를 바르도록 하자. 세제를 사용한 물 세차로 유분이 씻겨버린 이들 부위에 급유를 게을리 하면 원활한 작동에 지장이 있으며 녹이 생기는 원인이 되기도 한다. 급유하기 편한 부위에는 가능한 한 점도가 높은(끈끈한) 그리스를 도포하도록 하고, 좁은 곳이나 깊숙한 부위에는 스프레이 타입 윤활제를 사용하면 좋다.

5 세차 & 광내기 순서 — 시트의 때를 벗기다

눈에 띄지는 않지만 잊지 말도록

바이크의 시트는 잘 더러워지는 부위가 아니기 때문에 세차하는 김에 함께 닦는다는 식이면 충분하다. 심한 흙탕물이나 기름때가 묻었을 때에는 시트를 떼어내고 닦도록 한다. 장착한 채로 닦으면 때 국물이 흘러내려 바이크까지 지저분해지기 때문이다.

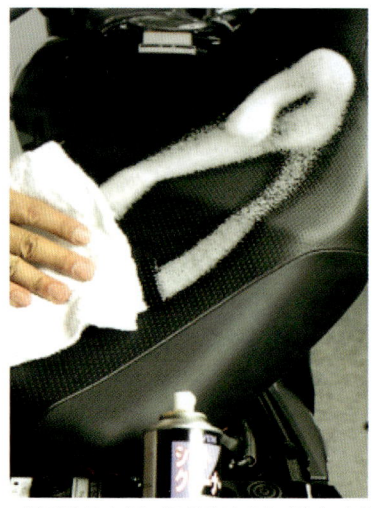

시트 전용 클리너를 사용하면 작업이 편하다. 광택 효과를 노린 제품 중에서는 엉덩이가 미끄러운 경우도 있으므로 주의할 것

시트를 떼어냈으면 시트 뒷면이나 아래쪽 차체에 쌓인 먼지도 닦아내도록 하자

시트를 닦을 때에는 가능하면 떼어내서 작업하는 편이 쉽다

6 세차 & 광내기 순서 — 작은 상처들을 없앤다

컴파운드는 입자가 고운 것부터

세차하다가 긁힌 상처 등을 발견했다면 우선 입자가 고운 컴파운드로 문질러 본다. 이것으로 상처가 지워진다면 더욱 고운 컴파운드로 마무리 한다.

만약 고운 컴파운드로 상처가 지워지지 않는다면 입자가 거친 컴파운드를 사용해 본다. 너무 거친 입자는 도장면까지 갈아낼 정도로 연마력이 강력하기 때문에 주의하자. 고운 컴파운드로 시간을 들여 닦는 것이 무난하다

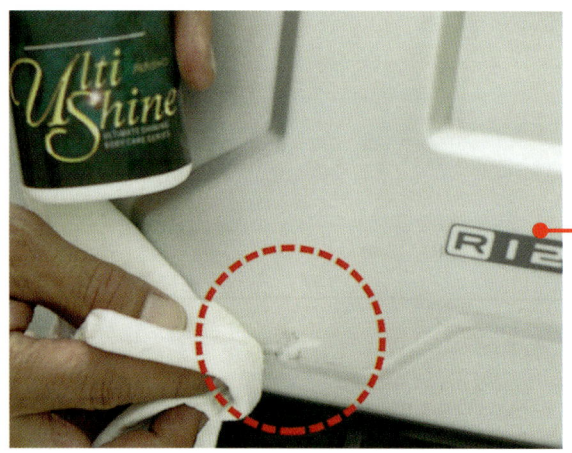

컴파운드를 사용할 때에는 한꺼번에 너무 많은 양을 묻히지 말도록

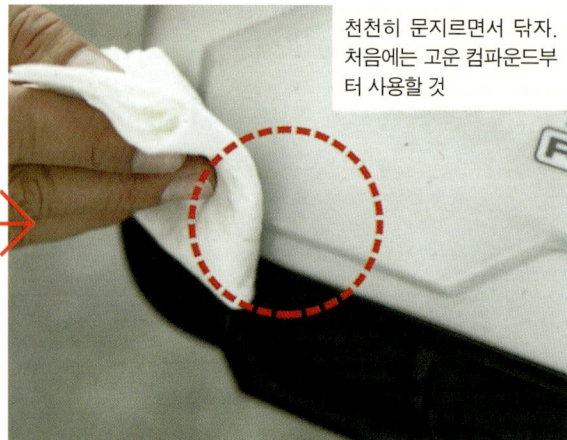

천천히 문지르면서 닦자. 처음에는 고운 컴파운드부터 사용할 것

소량을 묻혀서 시험삼아 닦아보는 신중함이 필요하다

엔진 정비

바이크의 상태를 좌우하는 핵심부를 점검한다

엔진 오일
냉각 계통
에어클리너
카뷰레터
머플러
연료 계통
클러치
시동 장치
점화 플러그

엔진 오일 정비

엔진 오일 점검

2스트로크 엔진은 연료와 함께 엔진 오일을 연소시키는 구조이므로 오일이 줄어든 만큼 보충해 주면 된다. 그러나 4스트로크 엔진은 정기적인 엔진 오일 점검이 엔진 상태를 유지하는 데에 중요하다.

| 엔진 오일 점검 기준 | 1,000km마다 또는 1개월마다 |

Check Point
① 점검창의 위치
② 오일 양 확인(점검창)
③ 오일 양 확인(필러 게이지)
④ 오일 오염 상태 확인

1 Check Point
점검창의 위치

점검창은 이 부근에 있다

엔진 안에 오일을 담아두는 웻섬프 방식 엔진의 경우에는 엔진 오일 점검창이 엔진 아래쪽에 있는 경우가 일반적이다. 그와는 달리, 독립된 오일 탱크를 갖추고 있는 드라이섬프 방식의 경우에는 오일 탱크에서 오일 양 등을 확인하는 방식이 일반적이다. 자신의 바이크가 어떤 방식인지 알아 두도록 하자.

엔진 오일 점검창은 엔진 아래쪽에 있는 경우가 많다

이것이 엔진 오일 점검창이다. 여기를 보고 오일이 적정량인지 어떤지를 확인한다

점검창에 있는 상한선, 하한선을 기준 삼아 오일 양을 확인한다

상한선(MAX)
하한선(MIN)

2 Check Point
오일 양 확인(점검창)

오일 양은 적정 범위 안에

점검창에는 오일 양의 상한을 나타내는 상한선(MAX)과 하한을 나타내는 하한선(MIN)이 그어져 있다. 이 사이에 유면이 보이면 알맞은 양의 오일이 들어 있다는 뜻이다. 엔진 오일은 너무 많아도, 너무 적어도 엔진에 나쁜 영향을 미치기 때문에 적정량을 반드시 유지하도록 한다.

제 1 장 엔진정비

3 Check Point 오일 양 확인(필러 게이지)

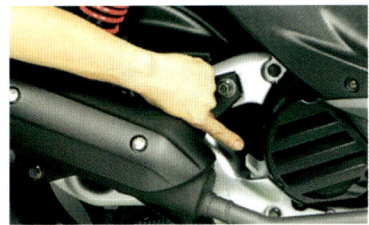

엔진 오일 주입구 뚜껑에 게이지가 달려 있다

게이지로 오일 양을 확인

점검창 방식 외에도 엔진 오일 주입구 뚜껑(필러 캡)에 게이지가 달려 있는 방식도 많다. 필러 캡에 달린 게이지를 주입구에 꽂았다가 다시 빼서 오일이 묻어 있는 유면 위치로 오일 양을 확인한다.

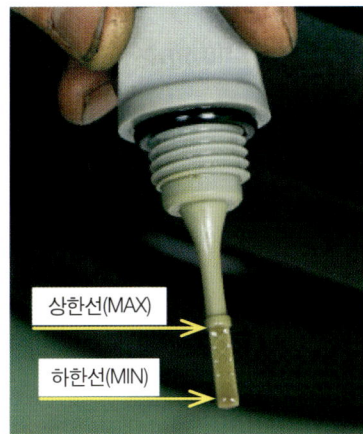

상한선(MAX)
하한선(MIN)

게이지에 표시된 라인으로 오일 양을 확인한다

원 포인트

엔진 오일 양이 부족해서 오일을 보충할 경우에는 지금 사용하고 있는 오일과 같은 브랜드, 등급, 점도의 오일을 보충할 것. 다른 브랜드, 등급, 점도의 오일은 트러블의 원인이 될 수 있다.

COLUMN

오일 선택은 순정품이 기본이다

엔진 오일의 표시 기호는 오일의 점도와 등급을 나타낸다. 예를 들어 [SAE 10W-40 SL]의 경우는,

SAE : 미국자동차기술자협회의 분류
10W : Winter(동절기)에서의 점도
-40 : 고온(100℃)에서의 점도
SL : S는 가솔린 엔진용,
    그 뒤의 알파벳은 등급

을 나타낸다. W 앞의 숫자가 작을수록 저온에서 굳지 않는(부드러운) 특성이며, - 뒤의 숫자가 클수록 점도가 높다(되다).

SH, SJ, SL 등의 표시는 미국석유협회(API) 등이 제정한 품질 규격이다. S 뒤에 이어지는 알파벳이 나중의 것이 될수록 최신의 높은 등급이 된다.

오일을 선택할 때에는 순정 오일을 기본으로 삼자. 바이크 메이커는 충분한 개발 테스트를 거친 결과로 순정 지정 오일을 결정하고 있다. 오일에 관련된 트러블을 피하고 싶다면 순정 오일을 고르는 것이 최선이다.

4 Check Point 오일 오염 상태 확인

더러워진 엔진 오일 | 신품 엔진 오일

이런 색이 되었다면 오일은 상당히 더러워져 있다

오일을 사용하다 보면 이렇게나 차이가 난다. 사진처럼 더러워졌다면 신품으로 교환할 필요가 있다

색깔을 눈여겨 관찰

오일이 어느 정도 더러워져 있는지를 점검창을 통해 확인하기란 어렵다. 그러나 육안으로도 알 수 있을 정도로 시커멓거나, 허연 거품이 발생해 있다면 오일을 교환해야 한다. 오일을 교환한 직후에도 또 다시 시커메지거나 흰색으로 탁해진다면 엔진 내부에 트러블이 발생했을 가능성이 높다. 즉시 바이크 전문점에 가서 점검 받도록 하자.

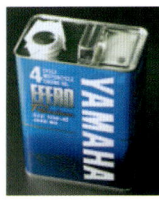

오일이 허옇게 탁해지거나 금세 시커메진다면 전문점에 가서 점검하도록

41

엔진 오일 정비

엔진 오일 교환

4스트로크 엔진은 주기적인 엔진 오일 교환이 필요하다. 주행거리 또는 기간을 기준 삼아 정기적으로 교환하도록 하자.

| 엔진 오일 교환 기준 | 3,000km마다 또는 6개월마다 |

Check Point
① 드레인 볼트를 뺀다
② 오일 상태를 확인한다
③ 드레인 볼트의 와셔를 교환한다
④ 드레인 볼트를 잠근다
⑤ 오일 필러 캡을 연다
⑥ 오일 용량을 확인한다
⑦ 새 오일을 주입한다
⑧ 오일 점검창을 확인한다

1 Check Point 드레인 볼트를 뺀다

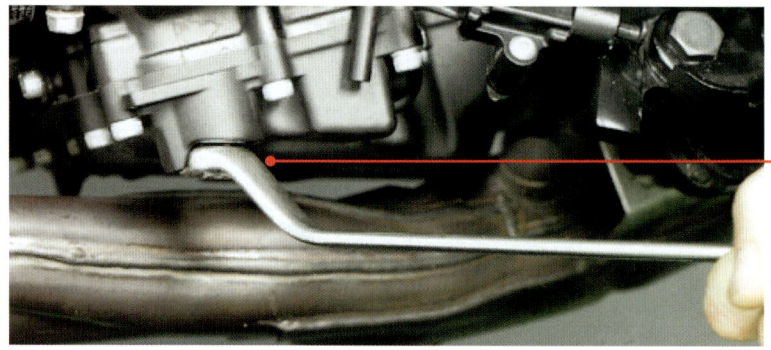

볼트를 빼는 순간에 뜨거운 오일이 손에 닿지 않도록 주의한다

복스 렌치나 링 렌치로 푼다. 드레인 볼트는 엔진 밑면에 있는 경우가 많다. 서비스 매뉴얼 책자로 확인해 두자

엔진을 워밍업 한다

드레인 볼트를 빼는 순서는
① 엔진을 걸고 공회전 상태로 워밍업을 3분 정도 실시한다.
② 엔진을 정지하고, 오일받이를 준비하고 렌치로 드레인 볼트를 푼다.
③ 손으로 돌릴 수 있을 정도까지 풀었으면 그 후부터는 손으로 돌려서 푼다.

2 Check Point 오일 상태를 확인한다

색깔, 점도, 이물질을 확인

오일이 충분히 식었으면 오일받이에 고인 오일을 만져보고 점도나 색을 확인한다. 오일이 희뿌옇게 탁해져 있다면 냉각수나 빗물이 엔진 내부로 침입했을 수가 있다. 금속가루나 조각이 섞여 있다면 엔진 내부에 심각한 마모나 부품 손상이 발생했을 가능성이 있다. 조속히 전문점에 가져가서 상태를 점검 받아야 한다.

볼트를 빼면 엔진 오일이 세차게 흘러내린다

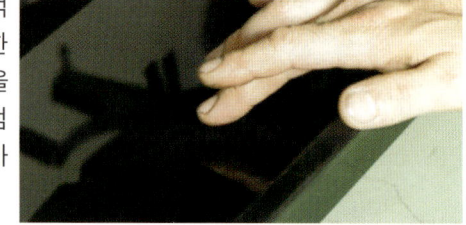

손가락으로 만져서 점도를 확인. 눈으로 색깔이나 혼입물 등을 확인한다

제1장 엔진정비

3 Check Point
드레인 볼트의 와셔를 교환한다

볼트의 나사 부분을 청소해 둔다

드레인 볼트를 장착하기 전에 드레인 볼트의 와셔를 신품으로 교환하자. 한 번 사용한 와셔는 볼트의 조임 토크로 변형된 경우가 대부분이라서, 이것을 재사용하게 되면 누유의 원인이 될 수 있다.

- 와셔는 신품을 사용한다
- 나사 부분을 깨끗이 청소한다

볼트의 나사 부분을 깨끗이 청소하도록. 이것을 게을리 하면 신품 와셔를 사용해도 의미가 없다

4 Check Point
드레인 볼트를 잠근다

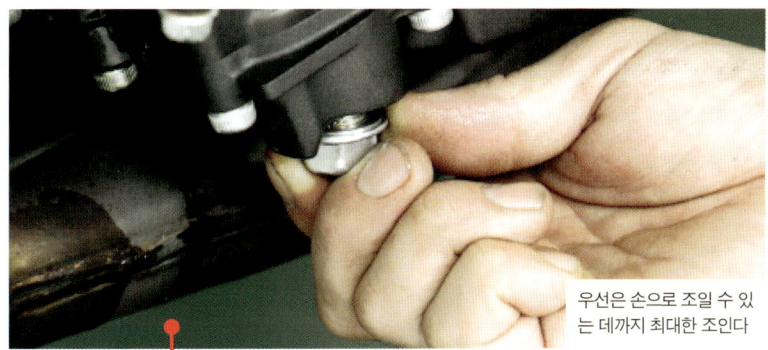

우선은 손으로 조일 수 있는 데까지 최대한 조인다

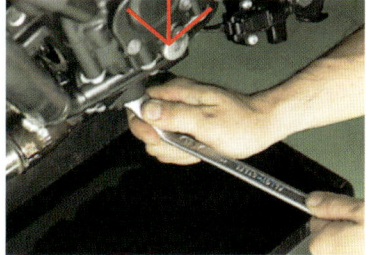

마무리는 렌치로 조인다. 다만, 너무 강하게 조이지 말 것

너무 강하게 조이지 말 것!

뺄 때와는 반대 순서로 처음에는 손으로 조여 가다가 더 이상 돌지 않게 되면 렌치를 사용해서 확실하게 잠근다. 이때에 너무 강하게 조이면 엔진 쪽이 망가질 수가 있으므로 절대로 피할 것.

5 Check Point
오일 필러 캡을 연다

이것이 주입구 뚜껑

오일 주입구로 새 오일을 주입한다

뚜껑 둘레를 깨끗이 청소한 다음에

새 오일을 주입하기 위해 오일 필러 뚜껑을 뺀다. 손으로 돌리지 못할 정도로 단단히 잠겨 있다면 헝겊이나 걸레로 뚜껑을 감싸고 플라이어 등으로 돌려서 푼다.

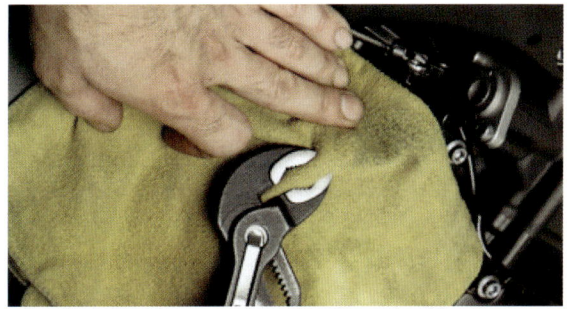

손으로 안 돌아가면 공구를 사용해도 괜찮다. 상처가 나지 않도록 조심해야 한다

엔진 오일 정비

6 Check Point 오일 용량을 확인한다

용량은 엔진에 새겨져 있다

그 엔진의 오일 규정량은 클러치 커버 등에 각인되어 있다. 오일 필터를 교환하지 않았을 경우에는 필터 안에 오일이 남아 있기 때문에 규정량보다 약간 부족하게 주입해야 할 경우가 있다.

오일 용량은 엔진 커버 등에 새겨져 있다

원 포인트

여기서 소개한 오일의 교환시기는 어디까지나 기준값으로 기종, 사용상황 등에 따라서 교환시기가 변동된다. 기본적으로 서비스 매뉴얼에 기재된 교환시기를 따르는 것이 좋다. 근거리를 장시간 반복 주행이 많은 사람 또 고속회전을 빈번하게 사용하는 사람은 메이커가 추천하는 교환시기보다 빠르게 교환하는 것이 좋을 것이다.

7 Check Point 새 오일을 주입한다

한 번에 규정량을 넣지 말 것

오일은 한꺼번에 규정량을 맞춰서 주입하지 말고 우선은 약간 모자라게(100cc 정도) 넣는다. 뚜껑을 닫은 다음 2~3분 정도 공회전 시키면서 워밍업을 실시한다.

전용 오일주입 용기를 사용하면 훨씬 수월하게 주입할 수 있다

우선은 규정량보다 100cc 정도 모자라게 넣는다

8 Check Point 오일 점검창을 확인한다

상한선을 넘지 않도록 주의!

시동을 끄고 5분 정도 지난 후에 오일 점검창 또는 필러 캡 게이지로 오일의 양을 확인한다. 하한선(MIN)을 밑돌거나 상한선(MAX)에 한참 못 미칠 경우에는 상한선 가까이까지 유면이 오도록 오일을 보충해 준다. 다만, 너무 많이 넣어서 상한선을 넘는 일이 없도록 한다.

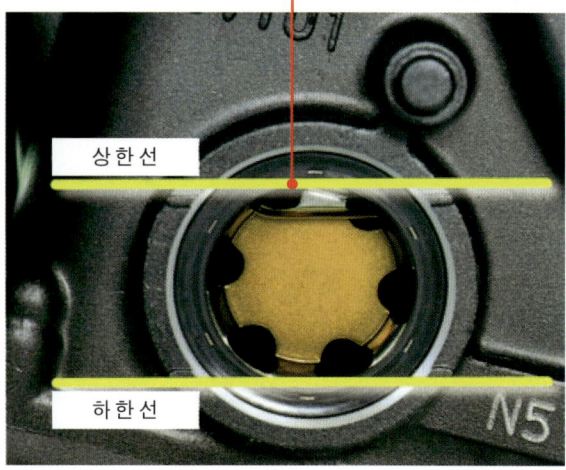

오일의 양은 점검창을 통해 확인할 수 있다. 상한선에 조금 못 미치게 넣는 것이 요령이다

제1장 엔진정비

카트리지식 오일 필터 교환

오일 필터를 교환하는 작업은 오일 교환할 때에 동시에 하는 편이 좋다. 최소한 오일 교환 2회에 필터 1회 꼴로 교환하는 주기가 바람직하다.

오일 필터 교환 기준	6,000km마다 또는 6개월마다

Check Point
1. 오일 필터의 위치
2. 공구를 준비한다
3. 오일 필터를 떼어 낸다
4. 신품 오일 필터를 준비한다
5. 오일을 조금 바른다
6. 오일 필터를 끼운다

1 Check Point — 오일 필터의 위치

엔진마다 위치가 조금씩 다르다

카트리지식 오일 필터는 크랭크 케이스 앞면에 달려 있는 경우가 많은데, 바이크 기종에 따라서는 꼭 그렇지만도 않으므로 우선은 자신의 바이크가 어떤 경우인지를 확인해 둘 필요가 있다. 필터 옆에는 배기관이 지나는 경우도 많으므로 필터를 떼어낼 때에는 배기관이 충분히 식은 다음에 작업에 임하도록 한다. 잘못하면 심한 화상을 입을 수가 있으므로 주의하자.

일반적으로 엔진 앞부분에 있는 경우가 많다. 자신의 바이크는 어떤지 확인해 두자

이것이 오일 필터다

2 Check Point — 공구를 준비한다

왼쪽이 오일 필터를 돌리는 전용 공구. 자기 바이크에 맞는 것을 준비하도록 한다. 링 렌치는 사이즈가 맞는 것을 사용하면 된다

바이크에 맞는 전용 공구를 준비

카트리지식 오일 필터를 떼어내려면 전용 공구가 필요하다. 메이커 순정품이나 자신의 바이크에 맞는 사이즈의 공구를 구입하도록 하자. 함께 사용할 링 렌치는 일반적인 품질의 것이면 충분하다.

※ 링 렌치에 관해서는 P69을 참조

엔진 오일 정비

3 Check Point 오일 필터를 떼어 낸다

엔진이나 배기관이 뜨거우면 화상을 입을 위험이 있으므로 주의하자

엔진이 충분히 식은 상태에서 실시

전용 공구를 카트리지 필터에 씌우듯이 장착해서 링 렌치로 푼다. 손으로 돌릴 수 있을 정도로 풀리면 그 다음부터는 손으로 돌려서 푼다. 필터 안에 남아있던 오일이 흘러 나오므로 오일받이 등을 밑에다 준비해 둘 것. 반드시 이 작업은 엔진이 충분히 식은 후에 실시하도록 한다.

전용 공구를 오일 필터에 끼우고 링 렌치 등으로 돌려서 푼다

렌치로 풀 때의 강도를 몸으로 외워두고, 나중에 조일 때에 그 이상으로 세게 조이지 말도록 한다

필터 안에 남아 있던 오일이 흘러나오므로 밑에다 오일 받이를 준비해 놓는다

어느 정도 풀리면 손으로 돌려서 풀도록 한다

4 Check Point 신품 오일 필터를 준비한다

재사용은 할 수 없다

카드리지식 필터는 반드시 신품을 사용할 것. 작업하기 전에 미리 신품을 준비해 놓도록 한다. 필터 교환을 게을리 하면 오염된 오일 속에 섞여 있는 이물질이나 변질된 유분을 제거할 수 없어서 오일 순환 계통에 트러블이 발생하는 원인이 된다.

엔진 안을 순환하는 오일로부터 이물질을 제거하는 것이 오일 필터의 역할이다. 이 기능을 충분히 발휘시키기 위해서는 최소한 오일 교환 2회에 1회 주기로 필터를 신품으로 교환하도록 한다

신품 필터   다 쓴 필터

제1장 엔진정비

5 Check Point — 오일을 조금 바른다

표면을 적실 정도면 충분하다

카드리지식 오일 필터를 엔진에 장착하기 전에 엔진 쪽에 닿는 고무 파킹이 자리를 잘 잡도록 고무 파킹부에 오일을 조금 발라 준다. 다른 곳에는 바를 필요가 없다.

여기가 고무 파킹부

손가락으로 오일을 조금 찍어서 골고루 발라준다

6 Check Point — 오일 필터를 끼운다

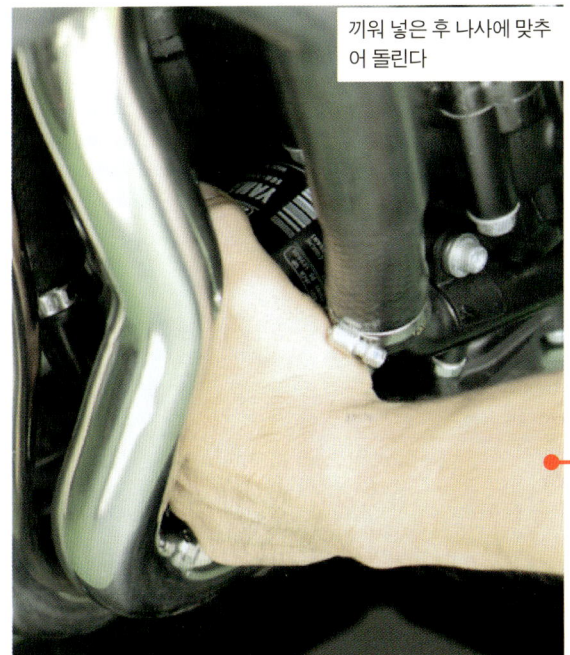

끼워 넣은 후 나사에 맞추어 돌린다

너무 세게 조이지 말 것!

풀 때와는 반대 순서로 진행한다. 오일 필터를 손으로 돌려서 끼운다. 손으로 더 이상 조이지 못할 때가 되면 마무리로 렌치로 조인다. 이때에 너무 세게 조여 버리면 고무 파킹이나 나사산이 뭉개질 수가 있다. 풀 때에 필요했던 힘의 세기를 기억해 두었다가 너무 세게 조이지 않도록 주의하자.

풀 때의 힘과 비슷한 힘으로 조인다

우선 손으로 조일 수 있는 데까지 조인다

마지막으로 렌치로 조인다. 너무 세게 조이지 않도록 한다

47

엔진 오일 정비

내장식 오일 필터 교환

단기통이나 소배기량 바이크는 엔진 내부에 오일 필터가 들어가는 방식이 많다. 교환 주기는 카트리지식과 마찬가지로 오일 교환 2회마다 필터 1회 교환하는 주기가 좋다.

| 오일 필터 교환 기준 | 6,000km마다 또는 6개월마다 |

Check Point
1. 오일 필터의 위치
2. 오일 필터를 꺼낸다
3. 오일 필터 종류를 확인한다
4. 신품 오일 필터를 준비한다
5. 오일 필터를 끼운다

1 Check Point 오일 필터의 위치

먼저 위치를 확인한다

내장식 오일 필터는 엔진 우측, 클러치 커버 앞 부근에 있는 경우가 많다. 자신의 바이크는 어떤지 우선 확인해 두자. 화상을 방지하기 위해 이 작업은 엔진이 충분히 식은 상태에서 실시한다.

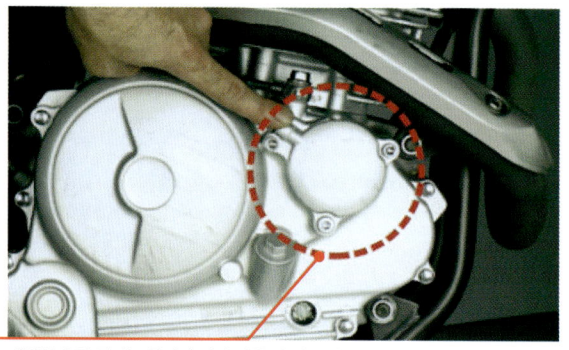

여기가 오일 필터

내장식 오일 필터는 클러치 커버 앞쪽에 있는 경우가 많다

2 Check Point 오일 필터를 꺼낸다

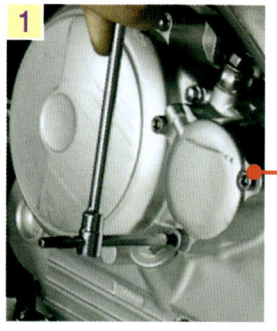

1 필터 커버를 고정하고 있는 볼트를 푼다

2 볼트를 뺐으면 커버를 떼어낸다

3 안에서 오일 필터를 꺼낸다

커버를 열면 오일이 흘러나올 수가 있으므로 걸레 등을 미리 준비해 놓는다

오일을 훔칠 걸레도 준비

필터 커버를 고정하고 있는 볼트 3개를 풀어서 커버를 떼어낸다. 이때에 남아 있던 오일이 흘러나오는 경우가 있으므로 닦아낼 걸레 등을 미리 준비해 놓는다. 필터 본체는 손가락으로 끄집어 낼 수 있다.

제 1 장 엔진정비

3. Check Point
오일 필터 종류를 확인한다

규격에 맞는 것을 고른다

오일 필터 등의 소모품은 바이크가 판매되던 시기 등에 따라 형상이나 크기가 변경되는 수가 있다. 가령 기종이나 모델명이 같더라도 구형과 신형에서는 다른 오일 필터를 사용하는 경우도 많다. 자기 바이크에 맞는 필터인지 여부를 작업 전에 확인해 두자.

같은 기종이라도 구형, 신형에 따라 모양이나 크기가 다를 수가 있다

4. Check Point
신품 오일 필터를 준비한다

재사용은 바람직하지 않다

내장식 오일 필터 중에는 세척유로 닦아서 재사용할 수 있는 것도 있지만, 기본적으로는 카트리지식과 마찬가지로 신품으로 교환하는 것이 좋다. 한 번 사용했던 오일 필터의 고무 패킹은 변형이나 마모되어 있는 경우도 많다. 재사용이 가능한지 여부는 반드시 서비스 매뉴얼 등으로 확인해 보도록 한다.

재사용할 수 있는 것도 있지만, 가능하다면 오일 교환 2회마다 1회는 신품으로 교환하는 것이 바람직하다

5. Check Point
오일 필터를 끼운다

필터의 구멍이 이쪽을 향하는 것이 올바른 방향이다

잘못된 방향으로 삽입하면 커버가 닫히지 않는다

필터 구멍에 이 돌기가 들어가도록 세팅한다

커버 돌기부 / 오일 필터의 구멍

필터의 방향에 주의

엔진 쪽과 밀착하는 고무 패킹 부위에 오일을 골고루 묻힌다. 장착할 때에는 오일 필터의 방향에 주의하자. 필터 커버 안쪽의 돌기가 오일 필터 중심 구멍에 들어간다면 올바른 방향이다. 필터 커버를 3개의 볼트로 고정시키면 작업 끝이다.

49

냉각 계통 정비

라디에이터 점검

엔진을 주행풍으로 냉각하는 공랭 엔진 바이크는 오일 교환 등의 오일 관리와 정기적인 세차만 해주면 냉각계 정비는 거의 다 한 셈이다. 한편 수랭 엔진 바이크는 위의 사항에 라디에이터 점검이 필요해진다.

라디에이터 점검 기준	3,000km마다 또는 6개월마다

Check Point
❶ 라디에이터 커버를 벗긴다
❷ 라디에이터 캡 점검
❸ 보조 탱크에 냉각수 보충

1 Check Point 라디에이터 커버를 벗긴다

라디에이터 커버가 있다면 우선은 커버를 벗겨 놓고 작업에 들어간다

라디에이터 커버를 벗기면 점검 작업이 훨씬 편해진다

카울이나 커버 등을 벗긴다

라디에이터는 주행풍이 잘 닿도록 엔진 앞에 달려 있는 경우가 일반적이다. 카울이나 커버 등이 쓰여 있을 경우에는 라디에이터 캡에 손이 닿도록 이들 커버류를 이미 벗겨 놓을 필요가 있다.

원 포인트

라디에이터 점검은 반드시 엔진이 충분히 식은 상태에서 실시할 것. 라디에이터 내부는 끓는점을 낮추기 위해 고압 상태이기 때문에 고온에서 뚜껑을 열면 냉각수가 뜨거운 채로 세차게 뿜어 나와 화상을 입을 위험이 있다.

제 1 장 엔진정비

2 Check Point 라디에이터 캡 점검

2년에 1회 교환

라디에이터 캡은 스프링의 힘으로 라디에이터 내부를 고압으로 유지한다. 스프링 힘이 약해지거나 고무 패킹 상태가 약화되면 냉각수 누출이나 과열의 원인이 될 수 있다. 라디에이터 캡의 상태 여하를 눈으로 확인하는 것은 경험이 없으면 어렵다. 가능하다면 소모품이라고 생각하고 2년에 1회 주기로 신품으로 교환하면 냉각계 트러블을 회피할 수 있는 가능성이 올라간다.

스프링이나 고무 패킹 상태를 정확하게 판단하기란 어렵다

캡의 상태를 눈으로 판단하기란 어렵다. 정기적으로 교환하는 편이 바람직하다

3 Check Point 보조 탱크에 냉각수 보충

보조 탱크는 시트 아래 등에 있는 경우가 많다. 필요하다면 시트 등을 떼어내고 작업한다

시트 아래에 있는 보조 탱크

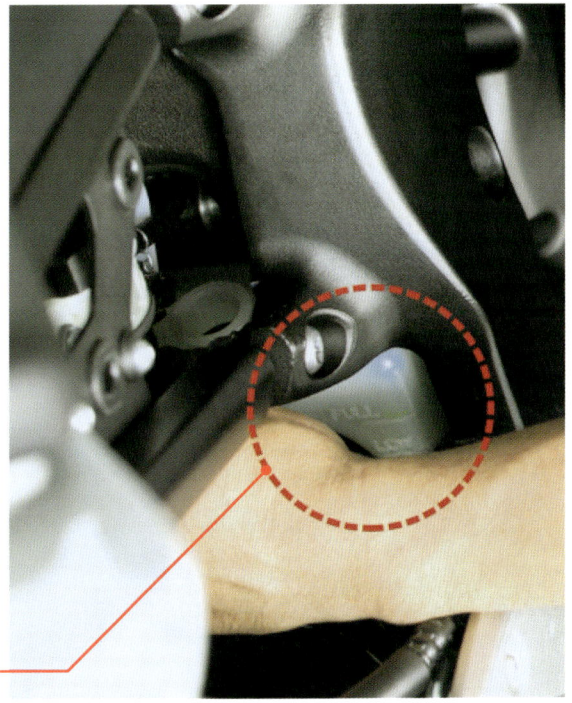

필요하다면 냉각수를 보충한다

냉각수가 줄어 있다면 보조 탱크를 통해 냉각수를 보충한다. 보조 탱크는 시트 아래나 카울 안쪽 등 밖에서는 잘 보이지 않는 곳에 달려 있는 경우가 많다. 카울이나 커버류를 벗겨내면 작업하기가 편하다. 수돗물 말고 반드시 전용 냉각수(쿨런트)를 보충하도록 한다.

냉각수 보충은 적정선(FULL/LOW) 사이에 액면이 오도록 하면 된다. 최소한 2년에 1회 꼴로 냉각수를 전부 교환하도록 하자

수돗물은 녹이 발생되거나 동결의 원인이 된다. 반드시 쿨런트 보충액으로 보충하여야 한다

에어클리너 정비

건식 에어클리너 정비

에어클리너는 여과지가 막히면 연비가 떨어지고 엔진 상태도 나빠진다.

| 에어클리너 점검 기준 | 5,000km마다 또는 6개월마다 |

Check Point

❶ 에어클리너를 떼어낸다
❷ 에어클리너 상태를 점검한다
❸ 에어클리너를 장착한다

1 Check Point 에어클리너를 떼어낸다

외장 부품을 벗긴다

에어클리너를 빼내려면 우선 시트나 사이드 커버 등을 벗겨 내야할 필요가 있다. 열쇠로 시트를 제거할 수 있는 방식이라면 공구는 필요 없지만, 시트를 볼트로 고정하는 방식이라면 공구로 풀어야 한다. 그리고 에어클리너 박스 커버를 드라이버 등으로 벗긴다. 건식 에어클리너는 에어 박스 안에 끼워서 고정하는 방식이 대부분이다. 손으로 쉽게 꺼낼 수 있다.

1
시트 고정 볼트는 시트 뒷면이나 옆면에 있다
시트가 볼트로 고정되어 있는 방식이라면 우선 이 볼트를 푼다

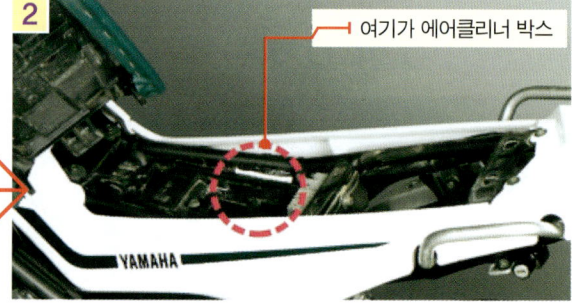
2
여기가 에어클리너 박스
시트를 떼어낸 상태

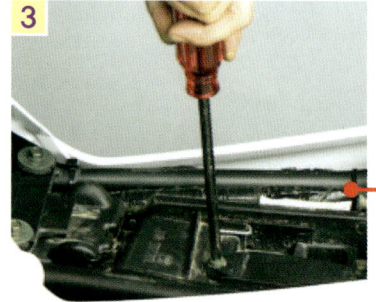
3

4
에어클리너는 손으로 쉽게 꺼낼 수 있는 구조다

에어클리너 박스 커버를 공구를 사용해서 벗겨낸다

에어클리너는 사진처럼 에어클리너 박스에 끼워서 고정하는 방식이 많다

제 1 장 엔진정비

2 Check Point 에어클리너 상태를 점검한다

주행 조건에 따라 오염도 달라진다

임도 등의 비포장도로, 또는 먼지가 많은 도심을 주행할 일이 많은 바이크는 에어클리너가 단기간에 쉽사리 지저분해지곤 한다. 사진처럼 심하게 더러워진 경우에는 청소하기 보다는 주저 말고 신품으로 교환하도록 하자.

신품 에어필터  사용한 에어 필터

이런 상태가 되었다면 신품으로 교환

에어 필터는 주행 조건에 따라 수명이 달라진다. 시가지 주행이라도 의외로 쉽게 더러워지므로 수시로 점검하면 좋다

3 Check Point 에어클리너를 장착한다

장착은 에어필터를 박스에 끼우면 된다

상하좌우 방향에 주의

신품 에어클리너를 장착하는 것은 떼어낼 때의 반대 순서이다. 에어클리너를 박스에 끼울 때에는 상하좌우 방향을 틀리지 않도록 주의한다. 장착하기 전에는 에어클리너 박스 내부에 묻어 있는 먼지나 때를 걸레 등으로 깨끗이 닦아내도록 한다.

상하좌우의 방향을 잘 기억해 두었다가 원상태로 장착하도록

COLUMN

에어필터는 재사용할 수 있다!?

컴프레서의 고압 에어로 건식 에어필터를 불어내서 청소하는 방법이 있다. 그러나 여과지 틈새에 빼곡하게 낀 미세한 먼지를 이 방법으로 완전히 제거하기란 불가능하다. 주행 조건에 따라 달라지지만 5,000km 주행, 또는 6~12개월마다 신품으로 교환하는 편이 엔진 상태를 오래 유지하는 데에 훨씬 효과적이다.

에어클리너 정비

습식 에어클리너 정비

습식 에어클리너는 우레탄 폼으로 만들어져 있고, 세척을 하면 재사용할 수가 있다. 만약 찢어지거나 열화되어 있다면 주저 말고 신품으로 교환하도록 하자.

| 에어클리너 점검 기준 | 3,000km마다 또는 3개월마다 |

Check Point
1. 에어클리너를 떼어낸다
2. 에어클리너를 세척한다
3. 에어클리너를 말린다
4. 에어클리너에 급유한다
5. 에어클리너를 장착한다

1 Check Point 에어클리너를 떼어낸다

우선 커버를 벗긴다

에어클리너를 꺼내려면 먼저 시트나 사이드 커버를 벗겨야 한다. 에어클리너 박스 커버를 공구를 사용해서 떼어낸다. 습식 에어클리너는 매우 부드럽기 때문에 플라스틱 프레임에 고정되어 있다. 이 프레임에서 필터를 떼어내면 세척 준비 완료다.

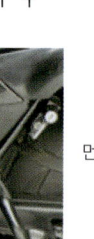

먼저 시트나 사이드 커버를 벗긴다

에어클리너 박스 커버를 벗긴다

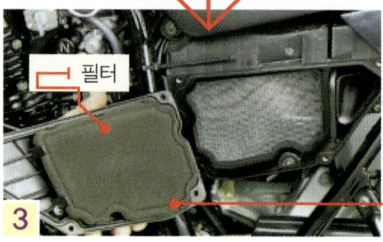

필터

에어클리너를 꺼내고 프레임에 고정된 필터를 뺀다

부드러운 필터를 보호하기 위해 플라스틱 프레임으로 고정되어 있다

2 Check Point 에어클리너를 세척한다

가볍게 쥐어짜듯이

등유가 들어 있는 용기에 에어 필터를 담그고 가볍게 주무르면서 세척한다. 걸레를 짜듯이 너무 세게 주무르면 에어필터가 상하므로 주의한다. 약하게 주물럭거리면 충분하다.

등유에 담가 가볍게 쥐어짜듯이 세척한다

제 1 장 엔진정비

3 Check Point
에어클리너를 말린다

헝겊 등으로 싸서 말린다

세척이 끝났으면 불필요한 세척유를 말린다. 깨끗한 헝겊이나 페이퍼 타월 등으로 감싸서 두 손으로 누르듯이 힘을 주면 건조 시간을 줄일 수 있다.

4 Check Point
에어클리너에 급유한다

소량의 오일을 묻힌다

습식 에어클리너 필터 전용 오일, 또는 엔진 오일을 적당히 몇 방울 떨어뜨린다. 에어 필터를 주무르듯이 해서 기름기가 전체적으로 골고루 퍼지게 한다. 오일은 적은 양이면 된다. 너무 많이 부었을 경우에는 헝겊이나 페이퍼 타월로 덜어낸다.

헝겊이나 페이퍼 타월 등을 사용해서 유분을 흡수시킨다

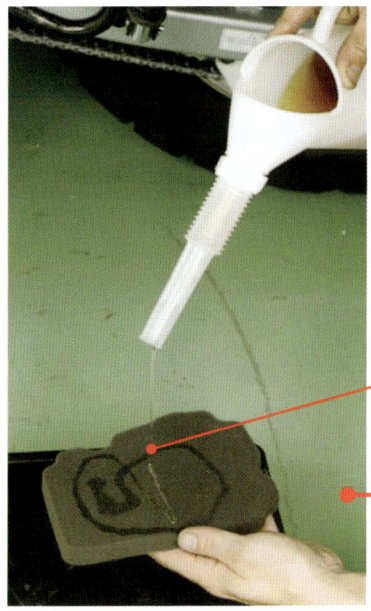
에어 필터에 오일을 적당히 묻힌다

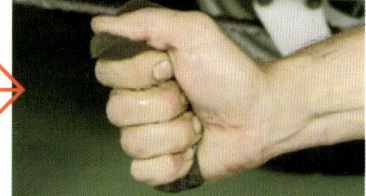
오일은 적은 양이면 된다
필터를 주물러서 오일이 전체로 퍼지도록 한다

5 Check Point
에어클리너를 장착한다

박스 내부를 깨끗이 청소

에어클리너 박스 내부를 청소하고, 에어필터를 프레임에 고정해서 에어클리너 박스 안에 장착한다. 장착할 때에는 에어클리너의 방향을 틀리지 않도록 주의한다.

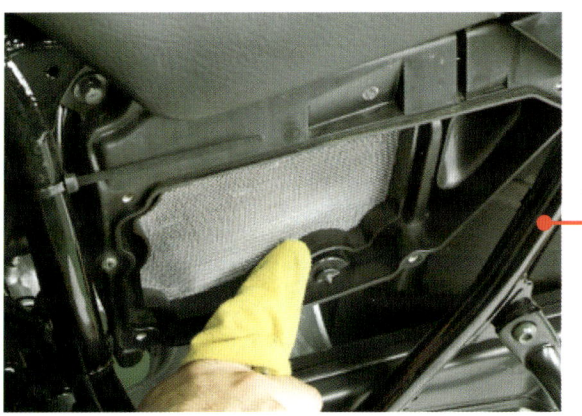
에어클리너 박스는 먼지로 쉽게 더러워진다. 깨끗이 청소한다

프레임에 필터를 고정하고 올바른 방향으로 박스에 장착한다

55

카브레터 정비

아이들링 조정

아이들링 회전수를 자동으로 보정하는 인젝션에 비해 카뷰레터는 기압이나 환경 변화에 따라 아이들링 회전수가 변화하곤 한다. 본격적인 정비 작업은 전문점에 의뢰하도록 하고, 카뷰레터의 아이들링 조정법 정도는 기본 지식으로 알아두면 도움이 될 것이다.

| 아이들링 점검 기준 | 아이들링이 불안정해질 때마다 |

Check Point

❶ 아이들 어저스터로 회전수를 조정한다

1 Check Point 아이들 어저스터로 회전수를 조정한다

좌우로 돌려서 미세하게 조정

아이들 어저스터는 카뷰레터 부근에 있다. 드라이버로 좌우로 돌려서 회전수를 올리거나 낮출 수 있다. 규정 아이들링 회전수는 서비스 매뉴얼을 참조하도록 한다.

아이들링 회전수를 조정하는 아이들 어저스터는 카브레터 근처에 있다

이곳을 드라이버로 돌려 회전수를 조정한다

어저스터가 작동하는 장소는 여기

원 포인트

세밀하게 아이들링을 조정하는 경우는 에어 조정스크루라고 하는 파트를 마이너스 드라이버로 돌리고 스로틀 어저스터와의 최적인 밸런스를 조종하여야 한다. 매우 어려운 작업이므로 전문점에 의뢰 하여 조정하여야 한다.

아이들 어저스터는 와이어 조작으로 반대편 나사를 돌리도록 되어 있다. 나사 끝이 스로틀 위치를 조정하게 되고, 이에 따라 아이들링 회전수가 변화하게 된다

스로틀을 조작하면 카브레터 안의 밸브가 개폐되는 구조다

머플러 정비

배기가스 누출 점검

배기관이나 머플러를 탈착할 때에 잘못하면 배기가스가 누출되는 트러블이 발생하기도 한다.

| 머플러 점검 기준 | 10,000km마다 또는 24개월마다 |

Check Point

❶ 장착부, 접속부를 점검한다

1 Check Point 장착부, 접속부를 점검한다

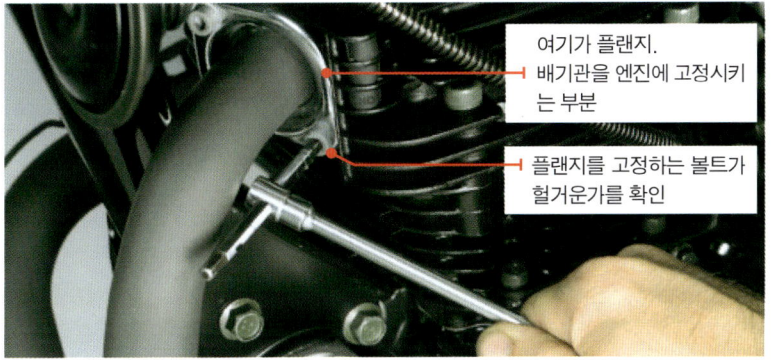

여기가 플랜지. 배기관을 엔진에 고정시키는 부분

플랜지를 고정하는 볼트가 헐거운가를 확인

플랜지를 고정하고 있는 볼트는 진동으로 풀리기 쉽다. 헐겁지 않은지 확인하자

플랜지 볼트도 점검한다

배기관을 엔진에 고정하고 있는 부위를 플랜지라고 한다. 이것을 고정하는 볼트가 진동으로 헐거워져 있지 않은지 확인하자. 필요하다면 규정 토크로 조이도록 한다. 플랜지 볼트는 언제나 고온에 노출되어 있기 때문에 녹이 발생하는데, 와이어 브러시로 녹을 떨어내고 몰리브덴 그리스 등을 발라 놓도록 한다. 배기관과 머플러 접속부는 진동 등으로 배기가스 누출이 일어나기 쉬운 부분이다. 수시로 확인해 보도록 한다.

플랜지 볼트 정비

플랜지 볼트에 녹이 생겼다면 나사산을 보호하기 위해 다음과 같은 조치를 취해야 한다.

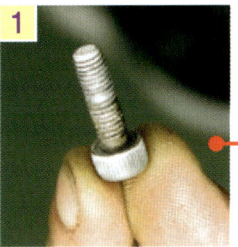
1
플랜지 볼트는 녹이 발생하기 쉽다

2
와이어 브러시로 녹을 떨어낸다

3
몰리브덴 그리스 등을 바른다

배기관과 머플러 접속부는 진동으로 배기가스 누출이 발생하기 쉽다. 실제로 엔진을 걸어서 누출이 없는지 확인한다

원 포인트

배기관, 머플러는 금세 뜨거워지는 파트이다. 이곳을 정비할 때에는 반드시 엔진을 끄고 충분히 식은 것을 확인한 후에 작업을 실시하도록 한다.

연료 계통 정비

연료 콕 정비

연료 탱크에서 카뷰레터(또는 인젝션)까지 연료(가솔린) 통로를 여닫는 것이 연료 콕이다. 우선은 그 기능을 이해하고 가솔린이 어떻게 흐르는지를 점검한다.

| 연료 콕 점검 기준 | 10,000km마다 또는 12개월마다 |

Check Point
① 연료 콕의 기능을 이해한다
② 가솔린이 흐르는 상태를 점검한다

1 Check Point 연료 콕의 기능을 이해한다

먼저 위치를 확인하자

연료 콕은 일반적으로 연료 탱크 아래에 설치되어 있다. 그러나 시트 밑에 연료 탱크가 있는 바이크도 있으므로 자신의 바이크가 어떤 타입인지 확인해 두자. 연료 콕은 레버 위치에 따라 가솔린 공급 상태가 다르다. 여기서는 표준이 되는 일반적인 방식과 부압식으로 나누어서 구체적으로 설명한다. 자신의 바이크가 어떤 타입인지 확인해 두자.

표준 타입의 경우

가솔린이 공급되고 있는 상태

레버가 [ON]을 향하고 있으면 엔진 시동 여부에 관계없이 가솔린이 공급된다

리저브 (예비 연료) 상태

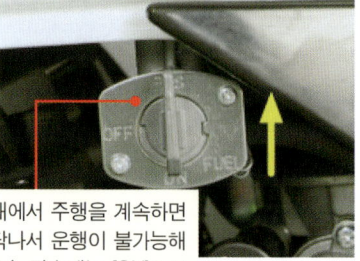

리저브 상태에서 주행을 계속하면 연료가 바닥나서 운행이 불가능해질 수가 있다. 평소에는 [ON]으로 주행다가가, 리저브를 사용해야 할 때가 되면 즉시 주유소로 가서 연료를 보급하는 습관을 들이자

연료 공급이 멈춰있는 상태

레버가 [RES] 방향에서는 예비 연료가 공급되는 상태가 된다

레버가 [OFF]를 가리키는 위치에서는 가솔린 공급이 차단되어 있다

제 1 장 엔진정비

부압식의 경우

ON 상태

부압식 연료 콕은 엔진이 걸려 있을 때에만 연료를 공급한다. 평소에는 [ON] 위치에 놓고 있으면 된다

RES 상태

레버를 이렇게 돌려놓으면 예비 연료가 공급된다

PRI 상태

부압이 작동하지 않더라도 이 위치에 놓으면 언제나 연료가 공급된다

2 Check Point 가솔린이 흐르는 상태를 점검한다

가솔린이 세차게 흐르는지 확인한다

카뷰레터 쪽의 연료 호스를 빼고 연료 콕을 ON(부압식이라면 PRI) 위치로 놓는다. 가솔린이 힘차게 흘러나오면 문제없다. 만약 약하게 흐른다면 연료 스트레이너(연료 필터)나 연료 라인이 막혔을 가능성이 높다. 전문점에 가져가서 점검하자.

1

호스 클립을 벗긴 다음에 호스를 뺀다

2

호스를 빼고 적당한 용기를 준비한다

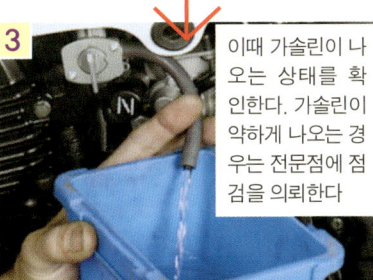

3

이때 가솔린이 나오는 상태를 확인한다. 가솔린이 약하게 나오는 경우는 전문점에 점검을 의뢰한다

연료 콕을 [ON] 또는 [PRI] 위치로 한다. 가솔린이 힘차게 나오면 정상이다

원 포인트

연료 계통을 정비할 때에는 위험물인 가솔린을 다루게 된다. 주변에 화기가 없는지 확인하고 안전에 주의한다

COLUMN

오래된 가솔린은 사용 불가

가솔린은 장기간 방치하면 휘발되고 첨가제 성분이 변질되어 슬러지 등 찌꺼기가 발생하게 된다. 탱크 캡을 열었을 때에 신선한 가솔린과 분명히 다른 이상한 냄새가 난다면 시동을 걸지 말도록 한다. 낡은 가솔린을 처분할 때에는 주유소에게 상담할 것. 가솔린을 하수에 버리는 짓은 범죄 행위이므로 절대로 해서는 안 된다.

클러치 정비

클러치 와이어 정비

클러치 와이어에 기름기가 없으면 클러치 조작이 무겁고, 손이 쉽게 피곤해진다. 녹이 발생해서 끊어지기도 쉬워진다. 기름을 쳐도 조작감이 나아지지 않는다면 신품으로 교환하도록 하자.

| 클러치 와이어 점검 기준 | 3,000km마다 또는 6개월마다 |

Check Point
① 로크 너트를 푼다
② 클러치 와이어를 떼어낸다
③ 인젝터로 급유한다
④ 클러치 유격을 조정한다

1 Check Point 로크 너트를 푼다

와이어를 느슨하게 푼다

우선 로크 너트를 풀어서 어저스터에 닿을 때까지 돌린다. 그 다음에 어저스터와 로크 너트가 레버 홀더에 닿을 때까지 조인다. 끝까지 조였으면 어저스터부터 레버까지 각 파트의 쪼개진 틈이 일직선이 되도록 맞춘다.

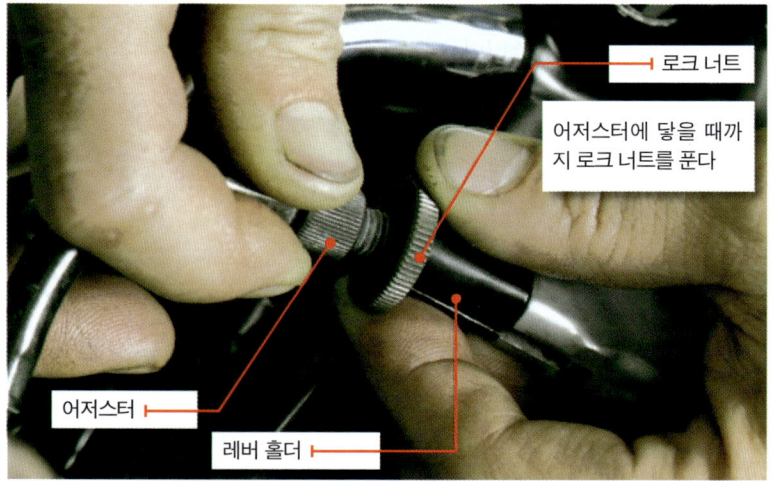

로크 너트

어저스터에 닿을 때까지 로크 너트를 푼다

어저스터

레버 홀더

손으로 로크 너트가 느슨해지지 않는 경우에는 플라이어를 이용하면 쉽게 느슨해진다

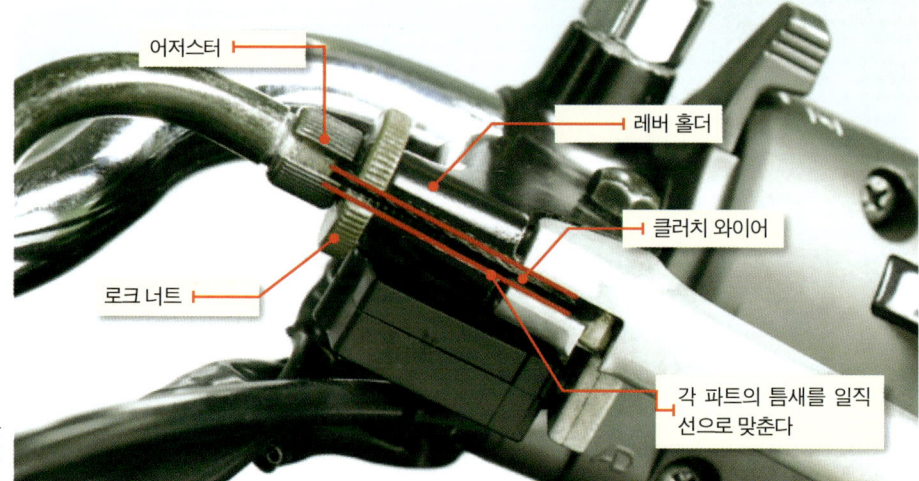

어저스터

레버 홀더

클러치 와이어

로크 너트

각 파트의 틈새를 일직선으로 맞춘다

어저스터, 로크 너트, 레버 홀더, 클러치 레버 등의 갈라진 틈새를 일직선으로 맞춘다

제 1 장 엔진정비

2 Check Point 클러치 와이어를 떼어낸다

레버를 당기면서 작업

어저스터부터 레버 홀더까지 일직선으로 맞췄으면 로크 너트를 가볍게 조여서 어저스터를 고정시킨다. 이로써 클러치 와이어 해체 작업의 준비가 끝났다. 우선 왼손으로 클러치 레버를 끝까지 당기고 그 상태를 유지한다. 오른손으로 클러치 와이어 본체를 레버 홀더 반대 방향으로 당기면서 클러치 레버를 조금씩 원위치로 되돌리면 와이어 끄트머리를 어저스터에서 빼낼 수 있다. 클러치 와이어 케이블을 틈새에 맞춰서 빼낸다.

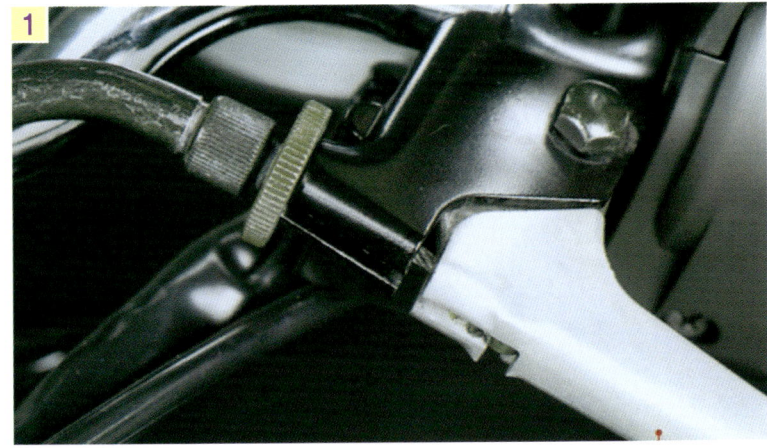

1 로크 너트를 가볍게 조여서 어저스터를 고정시킨다

2 
왼손으로 클러치 레버를 잡아 당기면서 로크 너트의 틈새를 맞춘다
오른손으로 클러치 와이어 본체를 쥔다
왼손으로 클러치 레버 당긴 상태를 유지한다

3 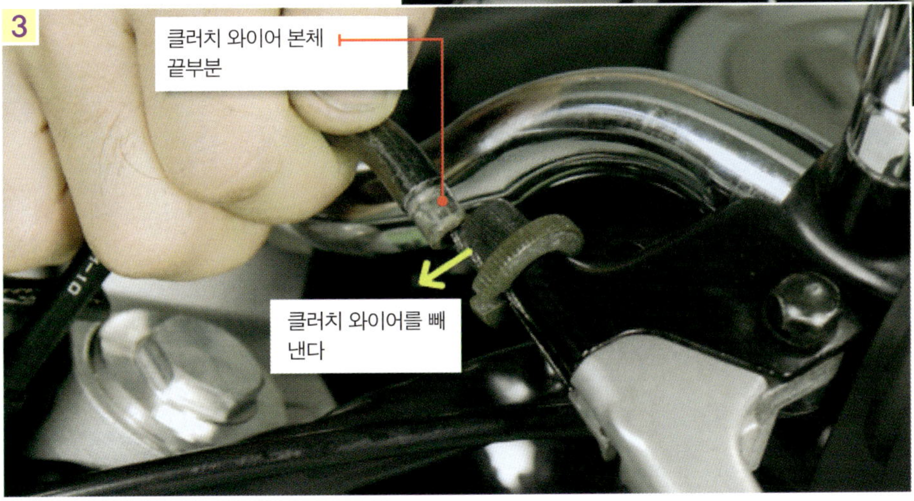
클러치 와이어 본체 끝부분
클러치 와이어를 빼낸다
오른손으로 클러치 와이어 본체를 당기면서 왼손의 레버를 천천히 놓으면 와이어 케이블을 빼낼 수 있게 된다

| 클러치 정비

3 Check Point 인젝터로 급유한다

방청윤활제를 주입

 클러치 레버로부터 클러치 와이어 케이블에 달려 있는 와이어 엔드를 꺼냈으면 클러치 와이어로 급유할 준비가 끝났다. 스프레이식 윤활제를 주입할 수 있게 하는 전용 공구(와이어 인젝터)를 장착하고 고정 나사로 고정한 다음에 스프레이식 윤활제를 주입한다. 급유가 끝나면 클러치 와이어를 해체했을 때의 반대 순서로, 클러치 와이어를 클러치 레버, 레버 홀더, 로크 너트, 어저스터에 조립하고 마지막에 유격을 조정해 둔다.

이것이 와이어 엔드

클러치 레버에서 와이어 엔드를 꺼낸다

와이어 인젝터를 장착한다

와이어 인젝터

고정 나사

와이어 인젝터를 사용해서 급유한다. 와이어 인젝터는 바이크 용품점에서 구입할 수 있다

방청윤활제는 투습성이 높아서 비좁은 공간에도 잘 스며든다

인젝터의 주입구로 급유한다

클러치 와이어 내부에 방청윤활제를 주입한다

4. Check Point 클러치 유격을 조정한다

어저스터는 두 곳에 있다

클러치 레버 쪽에서 조정을 다 하지 못할 경우에는 클러치 본체 쪽에서도 조정할 수 있다. 클러치 본체 쪽의 클러치 와이어 어저스터는 클러치 커버 부근에 마련되어 있다. 로크 너트를 풀고 어저스터를 돌려서 적절한 유격으로 조정한다. 물이 와이어 내부에 들어오지 못하도록 고무 부츠가 덮여 있을 경우에는 고무 부츠를 벗겨내고 실시한다. 조정이 끝났으면 로크 너트를 단단히 조여서 쉽게 풀리지 않도록 한다.

이것이 클러치 와이어 어저스터

클러치 본체 쪽에서 유격을 조정하려면 클러치 어저스터로 실시한다

로크 너트를 렌치로 풀고 어저스터를 돌려서 유격을 조정한다

가동부에는 원활한 작동성을 위해 소량의 그리스를 발라 놓는다

시동 장치 정비

시동 모터 정비

엔진의 크랭크를 돌려 시동을 거는 시동 모터의 트러블은 거의 대부분이 배터리와 연관이 있다. 물론 시동 모터에 문제가 있는 경우도 간혹 있다. 접점 불량을 해소해도 시동 모터가 잘 돌지 않을 경우에는 바이크 전문점에게 점검을 의뢰하자.

| 시동 모터 점검 기준 | 10,000km마다 또는 12개월마다 |

Check Point
① 배터리를 점검한다
② 시동 모터의 접점을 점검한다
③ 접점을 해체해서 연마한다

1 Check Point 배터리를 점검한다

MF 배터리는 테스터로 확인

시트나 사이드 커버를 벗겨내고 배터리의 상태를 점검하자. MF(무보수) 배터리라면 테스터로 전압을 점검하고, 개방식 배터리라면 비중을 확인한다. 매일 운행하는 바이크라도 배터리가 2년 이상 지난 것은 배터리 자체의 수명이 다 될 수도 있다. 만약 배터리 충전 상태가 나쁘다면 신품으로 교환하자.

배터리는 시트 아래쪽에 장착되어 있는 경우가 대부분이다. 테스터나 비중계로 전압을 확인해 보자

2 Check Point 시동 모터의 접점을 점검한다

접점을 깨끗이 청소

시동 모터는 크랭크샤프트에서 가까운 곳에 마련되어 있다. 실린더 뒷면이나 크랭크케이스 앞쪽이 대부분이다. 시동 모터 본체에 이어져 있는 전선의 접속 상태를 확인해 보자. 사진처럼 크랭크케이스 앞에 시동 모터가 달려 있는 경우는 주행 중의 빗물이나 흙탕물을 뒤집어쓰게 되므로 수시로 확인해 보도록 하자.

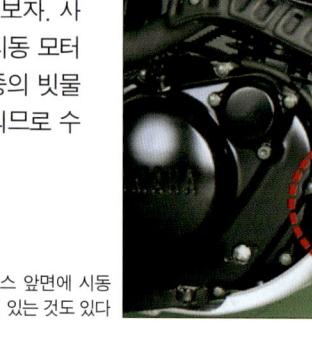

크랭크케이스 앞면에 시동 모터가 달려 있는 것도 있다

이것이 접점

빗물이나 먼지 등에 의한 접속 불량을 확인하자

원 포인트

한 달 이상 바이크를 타지 않는다면 배터리를 본체에서 분리해 놓자. 분리한 배터리는 2~3주일마다 전압을 점검하고, 필요하다면 충전하자. 배터리를 완전 방전시키지 않도록 주의하자.

3 Check Point 접점을 해체해서 연마한다

와이어 브러시로 닦는다

접점을 고정하고 있는 볼트를 풀어서 뺀다. 접점도 해체해서 그 상태를 점검해 보자. 접점에 녹이 생겼다면 접촉 불량을 일으킬 수 있다. 녹이 발생하는 원인은 물기 외에도 전기의 영향도 크다. 접점에 생긴 녹은 와이어 브러시나 샌드페이퍼로 갈아내면 쉽게 제거할 수 있다. 앞뒤 양면의 녹을 완전히 없애도록 작업하자.

접점을 해체해서 상태를 확인한다

금속제 와이어 브러시를 사용한다

녹은 샌드 페이퍼나 와이어 브러시로 제거할 수 있다

녹이 제거되어 깨끗해진 접점

점도가 높고 끈끈한 그리스를 발라 준다. 엔진에 가까운 곳이므로 열에 강한 실리콘 그리스를 사용하도록 한다

깨끗해진 접점을 그대로 조립해 버리면 금세 새로운 녹이 생긴다. 접점에는 그리스를 듬뿍 발라주자

점화 플러그 정비

점화 플러그 점검과 교환

연소실의 혼합기에 불꽃을 튀기는 점화 플러그 상태를 점검함으로써 엔진의 상태를 판단할 수 있는 정보를 얻을 수 있다.

점화 플러그 점검 기준	4스트로크/5,000km 마다 또는 6개월마다
	2스트로크/2,000km 마다 또는 3개월마다
점화 플러그 교환 기준	4스트로크/10,000km마다
	2스트로크/5,000km마다

Check Point
1. 플러그 캡을 뺀다
2. 플러그 구멍 둘레를 청소한다
3. 점화 플러그를 뺀다
4. 점화 플러그를 점검한다
5. 점화 플러그를 장착한다

1 Check Point 플러그 캡을 뺀다

플러그 캡의 상태도 확인

점화 플러그를 점검, 교환하려면 우선 플러그 캡을 빼야 한다. 손으로 잡아당기면 쉽게 뽑힌다. 플러그 캡에 금이 가 있지는 않은지, 하이텐션 코드에 손상은 없는지도 확인하도록 한다.

플러그 캡

플러그 캡은 쉽게 뽑을 수 있다. 깨져 있거나 금이 가 있지 않은지 확인하자

2 Check Point 플러그 구멍 둘레를 청소한다

플러그 둘레를 깨끗이

점화 플러그를 빼기 전에 점화 플러그가 꽂혀 있는 구멍 둘레에 쌓인 먼지나 이물을 깨끗이 제거하도록 하자. 이렇게 하면 점화 플러그를 뽑았을 때에 둘레의 먼지나 돌이 구멍을 통해 엔진 내부로 흘러들어가는 트러블을 막을 수 있다.

파트 클리너 등으로 플러그 구멍 둘레의 먼지나 돌을 제거한다

제1장 엔진정비

3 Check Point
점화 플러그를 뺀다

점화 플러그를 뺀다

점화 플러그를 빼기 위해서는 점화 플러그용 소켓 렌치를 사용하면 편리하다. 점화 플러그가 어느 정도 풀렸으면 그 다음부터는 손으로 돌려서 풀자. 이 작업은 반드시 엔진이 충분히 식은 후에 실시할 것.

플러그 사이즈에 맞는 소켓 렌치를 사용할 것

4 Check Point
점화 플러그를 점검한다

전극부의 색깔을 확인

점화 플러그 전극부가 노릇노릇한 색깔이라면 엔진의 연소 상태가 좋다는 뜻이다. 너무 시커멓게 그을려 있던지, 또는 너무 하얗게 타 있다면 카뷰레터, 인젝션의 공연비가 맞지 않거나, 플러그 열가가 맞지 않았을 가능성이 크다. 이럴 때에는 전문점에 점검을 의뢰하자.

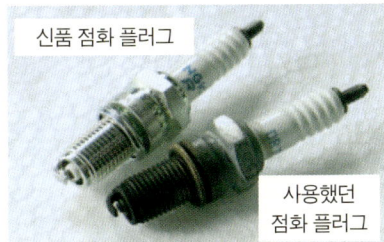

신품 점화 플러그

사용했던 점화 플러그

전극부의 색깔로 연소 상태를 확인하자

5 Check Point
점화 플러그를 장착한다

너무 세게 조이지 말 것

우선은 손으로 돌려서 끼운다. 손으로 최대한 돌리다가 그 다음부터 플러그 렌치로 조인다. 손으로 최대한 돌려 끼운 지점부터 1/2 회전 정도면 된다. 너무 세게 조이면 플러그 구멍의 나사를 뭉갤 수 있으므로 주의한다.

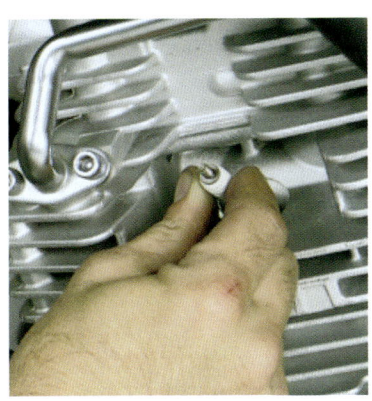

너무 세게 조이면 플러그 구멍의 나사를 뭉갤 수 있으므로 주의한다

사진처럼 기본 탑재 공구의 플러그 렌치는 그 기종에 맞는 사이즈가 갖춰져 있어서 편리하다

원 포인트

점화 플러그 전극부를 와이어 브러시 등으로 닦지 말 것. 전극부가 마모되었거나 카본이 심하게 쌓인 점화 플러그는 주저 없이 신품으로 교환할 것.

COLUMN

플러그 교환 작업이 어렵다면

최신 슈퍼스포츠 바이크 등의 4기통 엔진은 플러그 캡과 점화 코일이 일체식으로 된 다이렉트 이그니션 방식을 채용하는 예가 늘고 있다. 또, 연료 탱크나 에어클리너 등을 떼어내야 점화 플러그를 교환할 수 있는 구조의 바이크도 많다. 작업이 커질 것 같다고 생각한다면 전문점에 작업을 의뢰하도록 한다.

> 잘 활용하면 정비 실력도 오르고 작업도 즐겁다

만족스런 정비를 위한
올바른 공구 사용법 & 편리한 도구들

정비에 필요한 공구는 어떻게 갖추면 좋을까? 올바른 사용법이란? 있으면 편리한 아이템과 케미컬 제품, 그리고 정비 작업이 더욱 즐거워지는 기술과 요령도 소개한다.

반드시 갖춰야 할 공구
바이크 정비를 효율적으로 즐겁게 해주는 공구와 그에 관한 기초 지식을 소개한다

공구 박스

소중한 공구를 관리한다

바이크 정비에서 중요한 것은 정리정돈이다. 분해한 부품이나 볼트 너트 등을 아무 곳에나 늘어놓으면, 막상 조립할 때에 무엇을 어디에 두었는지 모르게 되어 찾는 데에 시간이 걸리고 작업 효율도 떨어진다.

공구 역시 제대로 관리하는 것이 효율적인 작업을 위해 필수적이다. 사용이 끝난 공구는 때나 기름기를 닦아내고, 원래에 있던 곳에 되돌린다. 쓰고 싶은 공구를 언제나 쓸 수 있는 환경을 만든다. 정리정돈이 서툴다는 사람은 공구 메이커가 시중에 판매하고 있는 기본 공구 세트 박스를 구입하면 좋다.

바이크 정비에 필요한 최소한의 공구가 갖춰져 있고, 그것들을 수납할 케이스까지 있으므로, 어느 공구를 어디에 되돌리면 좋은지 한 눈에 알 수 있다. 하나씩 낱개로 구입하는 것보다 결과적으로 저렴한 경우가 많다.

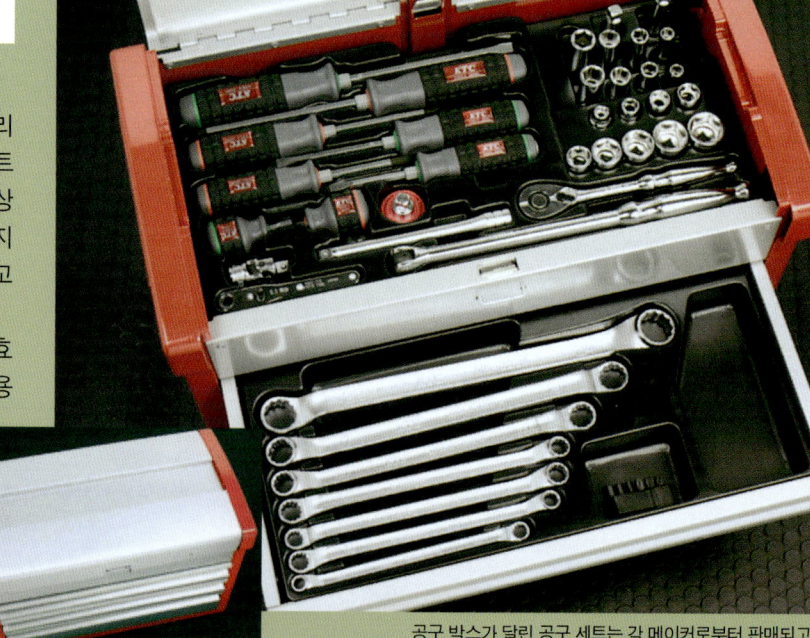

내부를 청결하게 유지하는 뚜껑은 서랍 기능도 갖추고 있다

공구 박스가 달린 공구 세트는 각 메이커로부터 판매되고 있다. 자신의 용도에 맞는 것을 선택하도록 하자

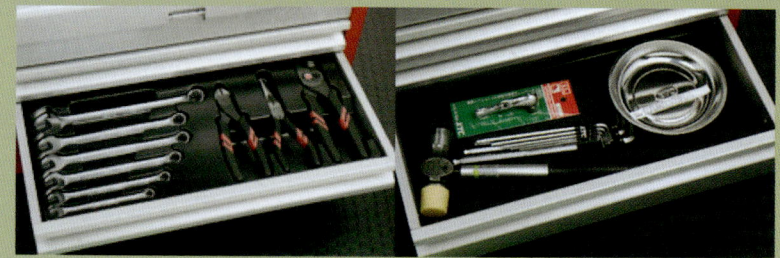

공구 박스에는 다양한 공구를 수납할 수 있는 케이스가 들어있다. 정리정돈하기에 편리하다

렌치, 스패너

콤비네이션을 갖추자

바이크를 정비할 때에 사용 빈도가 가장 높은 공구 중의 하나가 렌치, 스패너다. 렌치, 스패너는 용도에 따라 다양한 형식, 타입이 있는데 초보자가 제일 먼저 갖추어야 할 것이라면, 한 쪽이 신속하게 돌릴 수 있는 오픈 엔드 렌치, 다른 한 쪽이 큰 힘을 줄 수 있는 링 렌치로 구성되어 있는 콤비네이션 타입을 고르도록 한다. 하나로 여러 가지 작업을 할 수 있는 콤비네이션 렌치를 사이즈별로 여러 개 갖추었

다면, 그 다음으로는 용도에 맞는 오픈 렌치, 링 렌치, 각종 옵셋 렌치 등을 조금씩 갖춰 가면 좋다. 바이크 정비에 잘 쓰이는 것은 볼트 너트 사이즈로 8mm, 10mm, 12mm, 14mm, 17mm, 19mm, 22mm 등이다. 일반

적으로 10mm 이하의 작은 사이즈는 좁은 곳에서도 사용하기 편한 짧은 자루를 택하도록 한다. 조임 토크가 큰 17mm 이상의 사이즈는 자루가 긴 편이 사용하기 편하다.

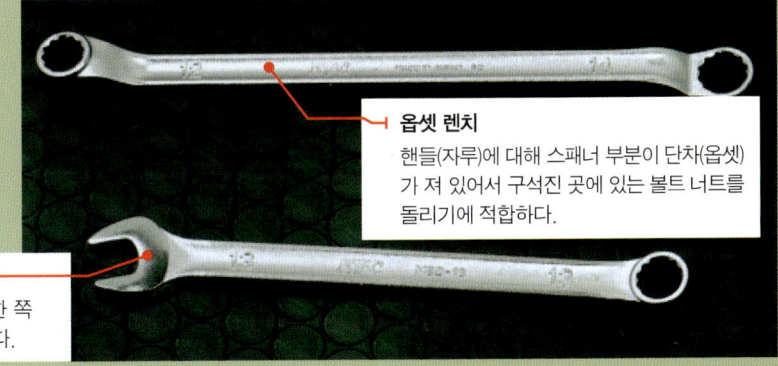

옵셋 렌치
핸들(자루)에 대해 스패너 부분이 단차(옵셋)가 져 있어서 구석진 곳에 있는 볼트 너트를 돌리기에 적합하다.

콤비네이션 렌치
한 쪽이 오픈 렌치, 다른 한 쪽이 링 렌치로 구성되어 있다.

드라이버

나사 사이즈에 맞는 것을 사용한다

드라이버를 제대로 사용하기 위해서는 다양한 사이즈를 갖출 필요가 있다. 사이즈가 맞지 않는 드라이버는 나사 머리를 뭉갤 가능성이 크므로 주의해야 한다. 십자형 나사, 일자형 나사를 돌리는 드라이버는 그 크기에 따라 1~4번의 번호로 구분해 놓고 있다. 드라이버 사이즈와 나사 홈의 크기가 일치하지 않으면 조이는 힘, 푸는 힘을 나사에 제대로 걸 수가 없다. 1번 나사를 3번 드라이버로 돌릴 수 없는

것이다. 바이크에는 다양한 사이즈의 나사가 사용되어 있기 때문에 적절한 정비 작업을 위해서는 이에 맞는 모든 사이즈의 드라이버를 갖춰야 할 필요가 있다. 먼저 표준 타입 드라이버를

갖춘 다음에 좁은 공간에서 쓰기 편리한 짧은 것을 추가해 가면 좋다.

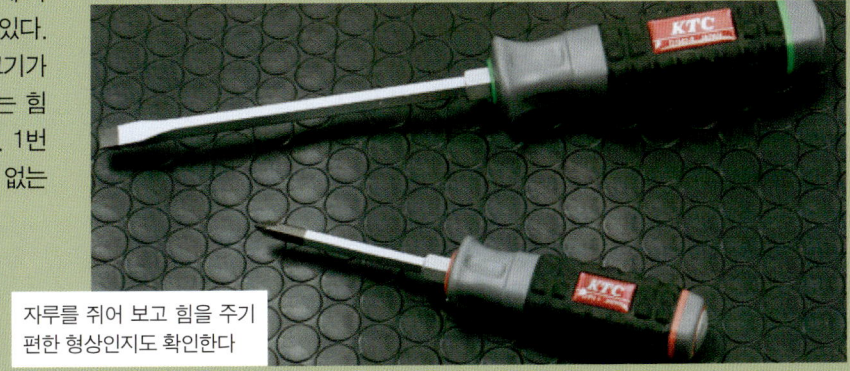

자루를 쥐어 보고 힘을 주기 편한 형상인지도 확인한다

드라이버를 고를 때에는 나사와 닿는 끝부분의 강도나 소재 등을 확인한다

소켓 렌치

자루에 바꿔 끼우는 편리한 공구

소켓이라고 불리는 다양한 종류의 렌치를 각종 핸들에 탈착해서 볼트 너트를 돌리는 작업에 사용하는 공구가 소켓 렌치다. 소켓에 꽂아서 쓰는 핸들은 다양한 종류가 있는데 가장 빈번하게 사용하는 핸들은 연속으로 볼트 너트를 돌릴 수 있는 래칫 핸들이다. 작업 속도가 빠르고, 그러면서도 볼트 너트에 큰 토크를 걸 수 있다. 소켓은 볼트 너트 크기에 맞는 각종 사이즈가 마련되어 있으며, 형상은 6각, 12각의 두 종류가 있다. 일반적으로 6각은 큰 토크를 걸 때에 효과적이며, 12각은 작업 속도를 올릴 때에 유용하다. 또, 깊숙한 장소에 있는 볼트 너트를 돌리기 편한 딥 타입도 있어서 표준 소켓으로는 닿지 않아 작업하기 힘든 경우에도 대처할 수 있다. 소켓의 탈착부 사이즈도 다양한 종류가 있는데 바이크 작업에는 작은 순서로 1/4, 3/8, 1/2 인치가 있다. 처음에는 3/8인치를 중심으로 갖추면 좋다.

소켓은 다양한 종류와 사이즈가 있어서 용도에 맞게 바꿔 끼워 사용할 수 있다

핸들은 이 래칫 핸들 외에도 T핸들, 브레이커 바 등 다양한 종류가 있다

소켓을 핸들에 끼워서 볼트 너트를 돌리는 소켓 렌치

플라이어

집고 조이고 잡는 공구

플라이어는 물건을 잡거나 돌리거나 들거나 하는 공구다. 일반적으로 플라이어라고 불리는 콤비네이션 플라이어는 조인트(지점)를 이동시킴으로써 입이 벌어지는 각도를 바꿀 수 있는 구조로 되어 있다. 롱노즈 플라이어는 입이 가늘게 되어 있어서 세밀한 작업에 적합하다. 플라이어에는 와이어 커터 기능도 있지만, 본격적인 절단 작업에는 전용 공구인 니퍼를 사용하는 편이 바람직하다. 플라이어는 사용 용도에 따라 다양한 종류가 마련되어 있으므로 필요에 따라 하나씩 갖춰 놓도록 하자. 그 밖에도 한 번 잡은 것을 놓지 않는 락킹 플라이어, 파이프를 잡아 돌리는 데에 적합한 워터펌프 플라이어 등이 있다.

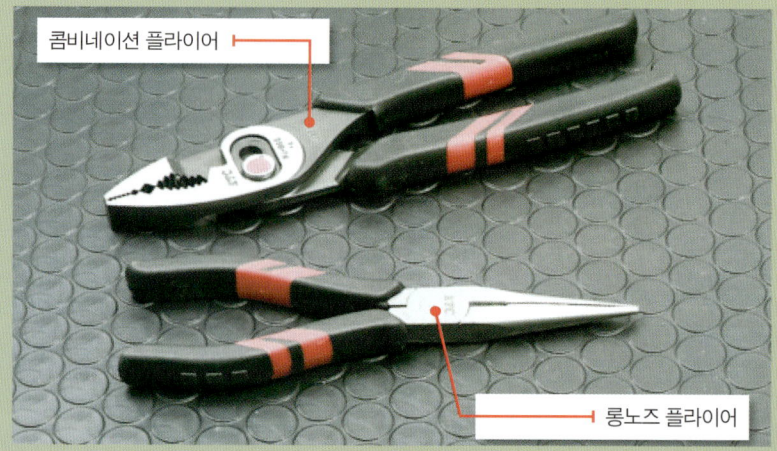

콤비네이션 플라이어

롱노즈 플라이어

위의 것이 콤비네이션 플라이어, 아래가 롱노즈 플라이어다. 처음에 갖출 플라이어는 이 두 종류가 좋다

헥사곤 렌치

육각 렌치라고도 불린다

헥사곤 렌치는 유각형 구멍이 나있는 헥사곤 볼트를 돌릴 때에 사용한다. 육각봉을 90도로 구부린 형상을 하고 있으며, 긴 쪽은 빠르게 돌릴 수 있는 장점이 있고, 짧은 쪽은 큰 힘을 걸 수가 있다. 일련의 사이즈가 한 세트로 묶여서 판매되는 일이 많다.

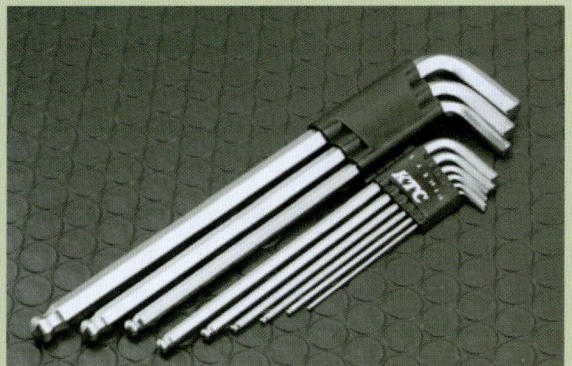

긴 쪽 끝이 볼 형상으로 되어 있는 볼엔드 타입은 비스듬한 각도로도 돌릴 수 있어서 작업 효율성이 우수하다

해머

큰 충격을 순간적으로 가하다

액슬 샤프트 등 빼내기 힘든 작업을 도와주는 것이 해머다. 해머로 두드리면 손으로는 밀거나 당길 수 없는 샤프트 등도 손쉽게 뺄 수가 있다. 한 자루 갖출 거라면 금속면과 수지면 헤드로 구성된 콤비네이션 타입이 바람직하다.

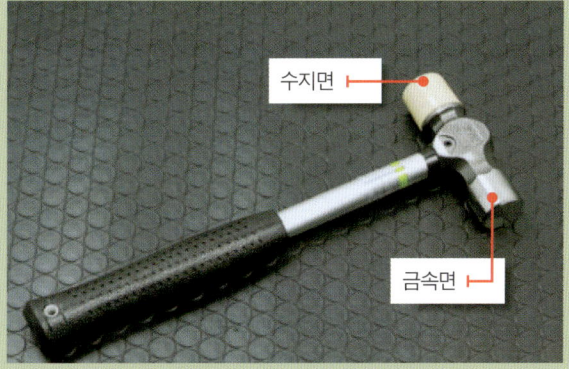

충격을 받는 쪽의 손상을 줄여주는 수지(플라스틱) 해머를 사용할 일이 많다

어저스터블 렌치

다양한 사이즈로 조절 가능

일명 몽키 스패너라는 이름으로 잘 알려진 다용도 렌치다. 나선형 나사의 어저스터를 조절하면 다양한 사이즈의 볼트 너트에 맞는 오픈 렌치가 된다. 여러 사이즈에 즉시 대처할 수 있다는 장점이 있지만 큰 토크를 거는 데에는 적합하지 않다. 어디까지나 응급용이라 생각하는 편이 좋다.

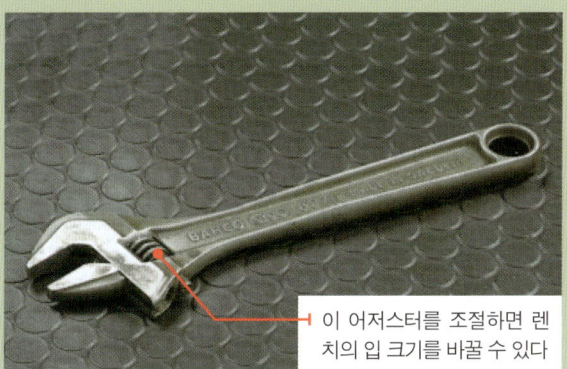

여러 사이즈의 볼트 너트에 대응할 수 있다. 렌치 크기도 다양한데 200mm 사이즈가 사용하기 편하다

인치 공구

할리 오너라면 필수품

할리데이비슨 등은 생산국인 미국의 공장에서 만들어지므로 볼트 너트가 밀리 단위가 아닌 미국 인치 규격(UNF, UNC)을 쓰고 있다. 일반적인 밀리 공구는 맞지 않으므로 할리를 정비할 때에는 인치 공구를 갖춰야 한다.

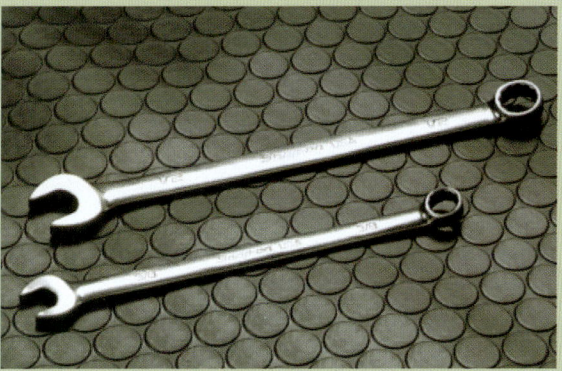

10mm, 12mm 등으로 표시되는 밀리 공구와는 달리, 미국 인치 공구는 1/2인치, 3/8인치 등 분수로 나타내는 인치 규격으로 만들어져 있다

| 있으면 편리한 것 & 케미컬 제품 | 바이크를 정비할 때에는 공구 외에도 준비해야할 물건이 많이 있다. 여기서는 작업을 원활하게 진행해줄 도움 되는 아이템들을 소개한다. |

있으면 편리한 것

◉ 목장갑

기본적으로 바이크 정비는 맨손으로 한다. 손의 감각을 가장 잘 활용할 수 있기 때문이다. 그러나 뜨거운 부품이나 타이어, 브레이크 등 손이 더러워지는 부위를 만질 때에는 손을 보호하는 목적으로 목장갑을 착용하기도 한다. 잘 미끄러지지 않고, 열에도 잘 견디기 위해서는 면 100% 소재를 사용하도록 하자. 나일론 소재는 바이크 정비에 적합하지 않다.

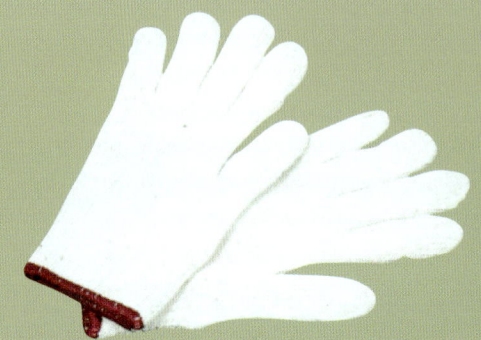

◉ 핸드 클리너

바이크를 정비하다 보면 손이 더러워진다. 더러워진 손으로 작업을 진행하면 파트나 공구까지 더러워진다. 작업 중에 가끔씩은 손을 깨끗이 씻고 기분도 전환하는 것이 좋다. 물이 필요 없는 크림 형태의 핸드 클리너 등이 편리하다.

◉ 와이어 브러시

가벼운 녹이나 찌든 기름때 등을 제거하는 데에 편리하다. 브러시의 소재로는 철, 황동, 나일론 등이 있는데 단단함과 부드러움의 균형이 잘 잡힌 황동제가 사용하기에 가장 편리하다. 와이어 브러시로 닦을 때에는 파트에 상처가 남지 않도록 주의하자.

◉ 샌드 페이퍼

녹이나 가벼운 상처를 지우는 데에 도움이 된다. 거친 면 80~120번, 고운 면 800~1000번 등 숫자가 클수록 고와진다. 처음부터 거친 사포를 사용하지 말고 고은 사포로 처리할 수 있는지 먼저 확인한다. 물에 적셔 닦는 타입, 연마제를 발라서 닦는 타입 등 여러 가지가 있다.

◉ 페이퍼 타월

페이퍼 타월은 일회용이라 사용하기가 편리하고, 헝겊 걸레와는 달리 섬유가 남지 않아서 파트를 세척한 다음에 물기나 기름기를 닦는 데에 적합하다.

헝겊, 걸레

헝겊으로 된 걸레는 페이퍼 타월보다 넓은 면적을 닦는 데에 효과적이다. 처음에는 손을 닦는 수건, 다음에는 파트 닦기로 쓰다가 점점 더러워짐에 따라 기름이나 그리스 등을 닦도록 하면 충분히 용도를 활용해서 경제적으로 사용할 수 있다.

신문지

오일 등의 액체가 바닥에 흐를 것이 미리 예상되는 작업을 할 때에는 신문지를 바닥에 깔고 하면 좋다. 또, 오일이 묻은 쓰레기 등을 버릴 때에는 신문지에 싸서 버리면 좋다.

투명 비닐봉지

나사, 볼트, 너트 등 많은 부품을 해제할 때에는 떼어낸 부품의 원위치를 알 수 있도록 파트 별로 나누어서 투명 비닐봉지에 담아두면 편리하다. 봉지 겉에 이름이나 장소를 써놓으면 더욱 좋다. 분실하거나 헷갈릴 일을 대폭적으로 줄일 수 있다.

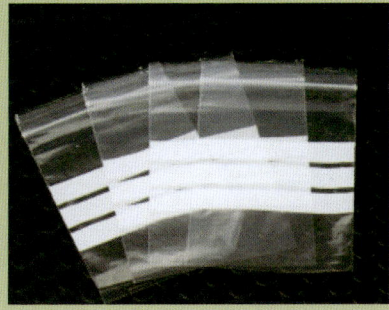

각종 트레이

빼낸 오일이나 냉각수 등을 담아두기 위해서, 또는 볼트, 너트들을 구분해 담기 위해서 용도에 맞는 트레이를 갖춰 놓으면 편리하다. 재질은 플라스틱이나 스테인리스 등이 있다. 플라스틱 재질을 고를 때에는 가솔린이나 오일, 용액 등을 담을 수 있는 내유성 있는 것을 고르자.

폐유 박스

오일 교환 등으로 배출된 폐유는 법규에 맞춰 처리하도록 한다. 타는 쓰레기로 처리할 수 있을 경우에는 시중에서 판매되는 폐유처리 박스를 사용하면 편리하다. 용량에 따라 다양한 사이즈가 있으므로 자신의 바이크에 맞는 것을 골라 쓰면 된다.

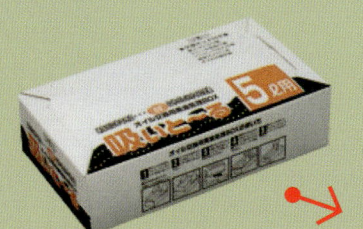
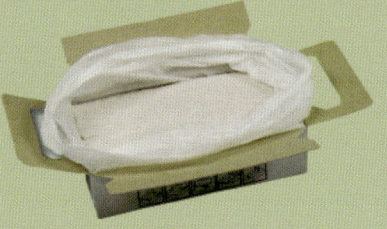

갖춰야 할 케미컬 제품

각종 오일, 케미컬 제품

위 그림 내용 정비를 하다 보면 각종 오일, 케미컬 제품들이 필요해지게 마련이다.
스프레이식 케미컬 제품은 다 쓰고 버릴 때에는 반드시 구멍을 뚫어 잔류 가스를 뺀 후에 버릴 것

오일 클리너

파트 클리너 또는 브레이크 클리너 등의 이름으로 판매되고 있는 탈지청정제는 금속 표면에 묻은 오일 등의 유분, 금속 가루 등의 때를 제거할 때에 요긴하다. 강력한 세척력으로 볼트, 너트 등에 묻은 심한 기름때를 깨끗이 씻어준다. 가연성이므로 화기가 있는 곳에서는 절대로 사용하지 말 것.

그리스

레버나 페달, 액슬 샤프트 등 움직이는 부위에는 장기간 사용해도 윤활 성능을 유지하는 고점도 그리스가 필요하다. 리튬, 실리콘, 몰리브덴 등 다양한 종류의 그리스가 있으며, 적합한 용도나 장소는 서비스 매뉴얼 지시에 따르도록 한다.

체인 오일

드라이브 체인 급유는 바이크 본래의 주행 성능을 유지하는 데에 필수불가결하며, 체인 자체의 수명을 늘이는 데에도 필요하다. 급유하기 편리한 드라이 타입, 강한 침투력을 지닌 타입 등이 있다. O링 체인에는 O링 체인 전용 오일을 선택하도록 한다.

체인 클리너

드라이브 체인에 급유하기 전에 체인에 묻어 있는 흙탕물이나 기름때를 제거하는 편이 좋다. 체인 클리너를 뿌리면서 나일론 브러시 등으로 긁으면 깨끗해진다. 오링 체인의 경우는 그리스를 봉입하고 있는 씰에 손상이 가지 않도록 반드시 전용 클리너를 사용할 것.

방청 윤활제

금속 파트의 녹을 방지하거나 가동부의 윤활을 위해 자주 쓰이는 케미컬이다. 침투력이 강하다는 장점이 있지만, 그 대신 지속성이 낮아서 자주 뿌려줘야 한다는 특성이 있다. 브레이크에 묻으면 제동력이 급격히 떨어지므로 사용에 주의해야 한다.

엔진 오일

엔진 오일은 엔진 내부를 윤활하는 것이 본래의 용도이지만, 습식 에어클리너에 뿌리거나, 방청윤활제 역할로도 사용할 수 있다. 개봉한 지 반년 이상 지난 오일은 공기와 접촉해서 변질되었을 가능성이 있는데, 이럴 경우에는 엔진에 주입하지는 말고 정비 윤활용으로 활용하면 좋다.

와이어 그리스

브레이크나 클러치, 스로틀 케이블 등에 인젝터를 써서 기름기를 공급할 때에는 금세 말라버리는 방청윤활제보다는 점도가 높은 와이어 그리스를 사용하도록 한다. 정기적으로 급유하면 케이블을 양호한 상태로 유지할 수 있다.

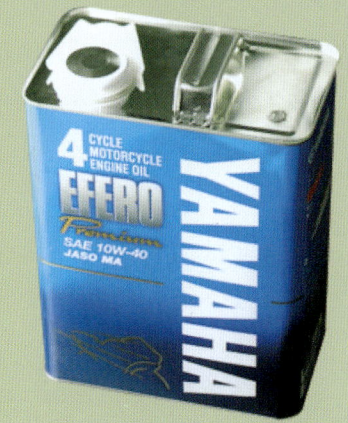

브레이크액

브레이크 패드를 교환하거나 캘리퍼를 분해 정비할 때에는 교환, 보충용으로 브레이크액이 필요하다. 브레이크액은 독성이 매우 강해서 도장면을 심하게 손상시키므로 충분히 조심해서 다루도록 한다.

올바른 공구 사용법

공구를 모조리 갖추었다고 해도 제대로 사용하는 법을 모른다면 올바른 정비는 기대하기 어렵다. 그러기는커녕 부품이나 공구를 오히려 망가뜨리거나 최악의 경우 사람이 다칠 수도 있다. 안전하고 정확한 정비를 실시하기 위해서 공구의 올바른 사용법에 대해서 알아 두도록 하자.

드라이버 사용법

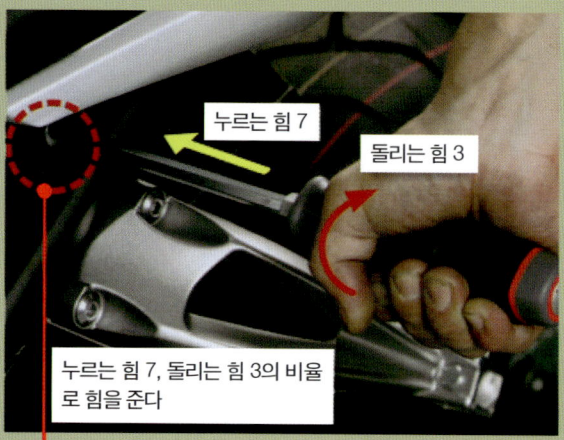

누르는 힘 7
돌리는 힘 3
누르는 힘 7, 돌리는 힘 3의 비율로 힘을 준다

누르는 힘 7 : 돌리는 힘 3

드라이버를 사용할 때의 주의점은 사용하는 드라이버가 나사 사이즈와 맞는지, 드라이버에 힘을 가하는 방법이 적절한지 등의 두 가지이다. 드라이버는 사이즈가 여러 가지가 있어서 나사 홈에 딱 맞는 것을 사용하지 않으면 나사의 홈을 뭉개 버릴 수가 있다. 드라이버를 돌릴 때에는 드라이버 끝이 나사 홈에서 벗어나지 않도록 드라이버를 누르는 쪽으로 힘을 많이 주어야 한다. 힘을 가하는 비율은 누르는 힘 7, 돌리는 힘 3 정도가 좋다. 특히 십자 드라이버는 나사 홈에서 드라이버 끝이 벗어나기 쉽기 때문에 특히 주의해야 한다.

드라이버는 나사 홈에서 벗어나지 않도록 누르는 힘을 중시하도록 한다

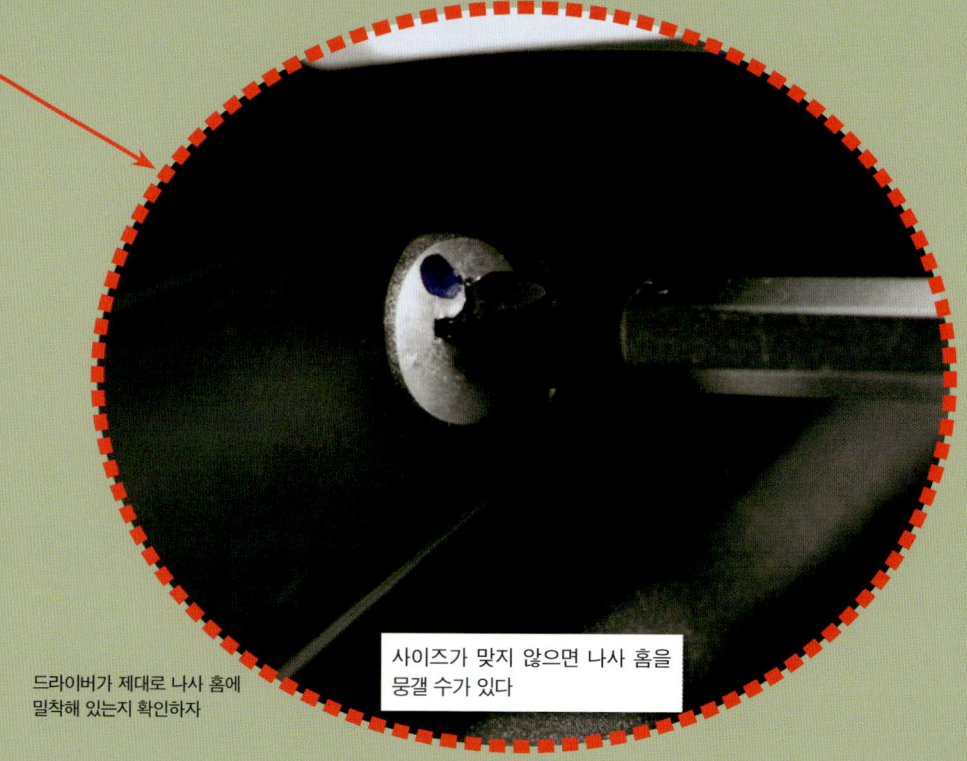

드라이버가 제대로 나사 홈에 밀착해 있는지 확인하자

사이즈가 맞지 않으면 나사 홈을 뭉갤 수가 있다

드라이버 사용법(응용편)

링 렌치를 함께 사용한다

드라이버를 돌릴 때에 나사 홈에서 드라이버가 벗어나서 뭉개 버릴 우려가 있다면, 나사에 방청윤활제 등 침투성이 강한 윤활제를 충분히 뿌리고 약 5~10분 정도 기다렸다가 다시 시도해 보도록 한다. 또 드라이버 금속부가 육각형으로 되어 있다면 그 사이즈에 맞는 링 렌치를 걸어서 돌리는 방법도 있다. 렌치를 사용하면 지렛대 원리로 돌리는 힘을 적게 주어도 되기 때문에 그만큼 누르는 힘에 전념할 수 있게 된다.

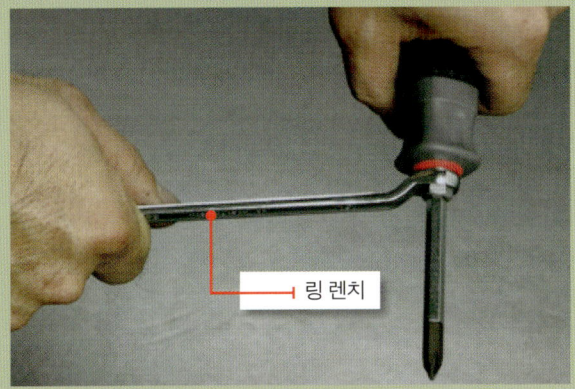

링 렌치를 드라이버 금속 샤프트의 육각부에 건다. 오픈엔드 말고 반드시 링 렌치를 사용할 것

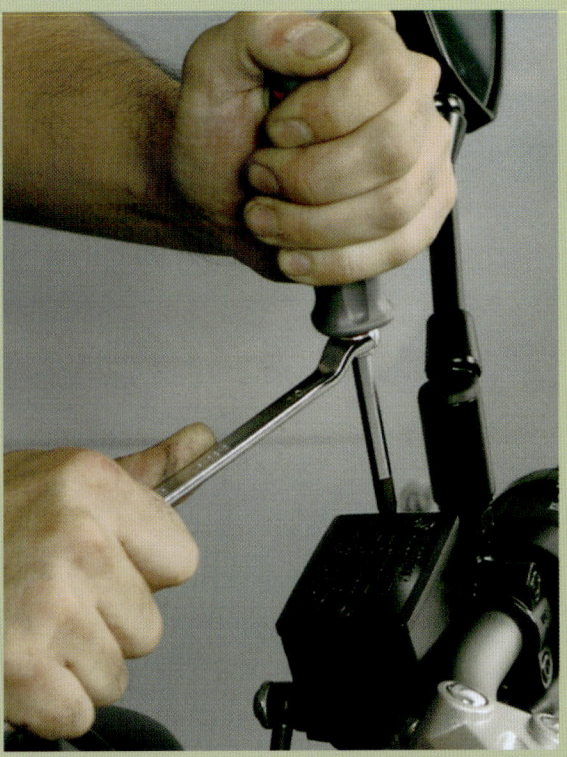

이러면 드라이버를 누르는 왼손에 힘을 집중할 수가 있다. 렌치로 지렛대 원리를 이용할 수 있으므로 오른손의 돌리는 힘은 작아도 된다

단단하게 조인 나사에 효과적인 공구

링 렌치를 함께 사용하는 방법 말고도 임팩트 드라이버를 사용하는 것도 좋다. 임팩트 드라이버는 그립엔드를 망치로 강하게 때리면 그 충격으로 드라이버 샤프트가 회전하는 구조다. 순간적으로 강력하게 누르는 힘과 돌리는 힘을 동시에 나사에 가할 수 있다. 사용 요령은 눈치 보듯 두드리는 것이 아니라 강하게 때려 일격을 가하도록 하는 것이다. 다만, 조준을 잘못하면 드라이버를 쥐고 있는 손이 망치에 맞을 수가 있으므로 주의하자.

임팩트 드라이버의 끝(비트)은 교환할 수 있는 구조로 되어 있어서 십자, 일자 드라이버를 비롯해서 소켓 렌치를 장착할 수도 있다

플라스틱 해머는 충격을 흡수해 버리기 때문에 적절하지 않다

임팩트 드라이버를 때릴 때에는 타격력이 강한 금속 망치를 사용할 것

렌치/스패너 사용법

링 렌치가 기본이다

렌치나 스패너는 바이크 정비에서 가장 많이 사용하는 공구다. 기본적으로는 볼트·너트를 풀 때와 마무리 조임 할 때이다. 대부분의 볼트·너트는 머리가 육각형을 하고 있는데 오픈엔드 스패너는 그 일부에만 힘을 가할 수 있지만 링 렌치는 육각형 전체에 힘을 줄 수 있다. 즉 오픈엔드보다 링 렌치가 훨씬 강한 힘을 가할 수 있는 구조인 것이다.

오픈엔드는 볼트·너트를 신속하게 돌릴 때, 또는 링 렌치를 걸지 못하는 장소에 있는 볼트·너트에 사용하는 것이 올바른 용도다.

육각 머리가 뭉개지지 않도록 링 렌치는 확실하게 깊숙이 걸어야 한다. 다만 너무 세게 조이지 말도록 주의한다

옵셋 렌치를 사용할 때에는 옵셋 방향에 주의하자. 사진처럼 반대 방향으로 사용하면 렌치가 벗겨져서 다칠 위험이 있다

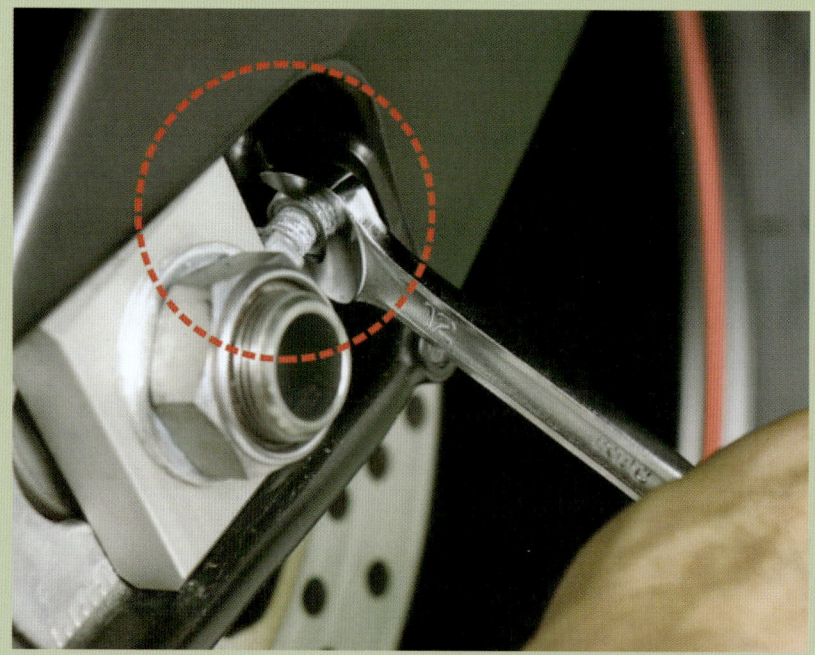

오픈엔드 스패너는 체인 어저스터나 클러치 와이어 어저스터 처럼 링 렌치를 걸 수 없는 곳에만 사용하는 것이 원칙이다

꽉 조인 볼트를 푸는 법

맞는 공구를 올바르게 사용한다

정비 작업을 하다보면 볼트나 너트가 너무 꽉 조여 있어서 푸는 데에 고생하는 경우가 많다. 이때에 주의할 점은 적절하지 않은 공구로 함부로 풀려는 행위이다. 공구를 때리거나 맞지 않는 공구로 억지로 돌리면 파트나 공구가 망가지고, 심하면 사람이 다칠 수도 있으므로 절대로 삼가도록 한다. 아무리 해도 잘 풀리지 않는다면 볼트, 너트의 나사산 상태에 이상이 있어서 절어 붙었을 가능성이 크다. 전문점에 가져가서 도움을 받는 것이 좋다.

망치로 때려서 스패너나 래칫 핸들 등 공구를 돌리면 안 된다

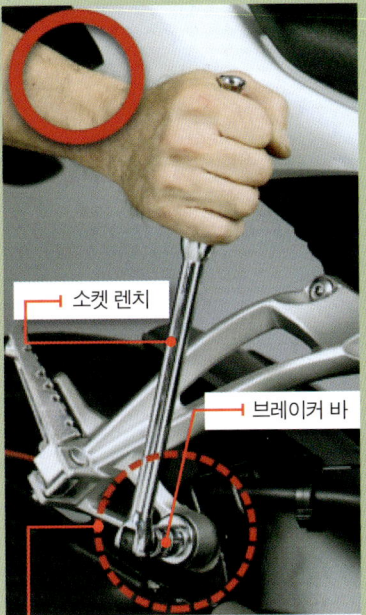

소켓 렌치

브레이커 바

소켓 렌치나 브레이커 바를 사용하면 지렛대 원리를 최대한 활용할 수 있게 된다. 이렇게 하면 대부분의 볼트 너트는 무난히 풀릴 것이다

충분히 뿌리고 잘 스며들 때까지 기다렸다가 작업을 재개하자

풀리지 않는 볼트 너트는 우선 방청윤활제 등 침투성이 높은 윤활제를 뿌려 본다

볼트 너트를 플라이어 등으로 잡아서 돌리면 안 된다. 볼트 너트 머리가 금세 뭉개질 뿐이다

육각 렌치 사용법

작업성이 우수한 공구

육각형으로 구멍이 나있는 헥사곤 볼트는 일자나 십자 모양으로 홈이 나 있는 일반적인 나사에 비해 더 큰 힘으로 조일 수 있어서 요즘에 많이 사용된다. 이 헥사곤 볼트를 풀거나 조이는 공구가 헥사곤 렌치(육각 렌치)이다. 드라이버와 마찬가지로 육각 렌치에도 사이즈가 정해져 있는데 1.5mm, 2mm, 2.5mm, 3mm, 4mm, 5mm, 6mm, 8mm, 10mm… 등 종류와 사이즈가 풍부하다. 인치 사이즈도 각 사이즈가 마련되어 있다. 육각 렌치는 90도로 굽어 있는 것이 일반적이다. 짧은 쪽을 육각 구멍에 끼우고 긴 쪽으로 돌리면 큰 힘을 줄 수가 있고, 반대로 하면 빠르게 돌릴 수 있어서 상황에 맞춰 골라 쓰면 좋다. 렌치 끝을 둥글게 만든 볼 엔드 타입도 있다.

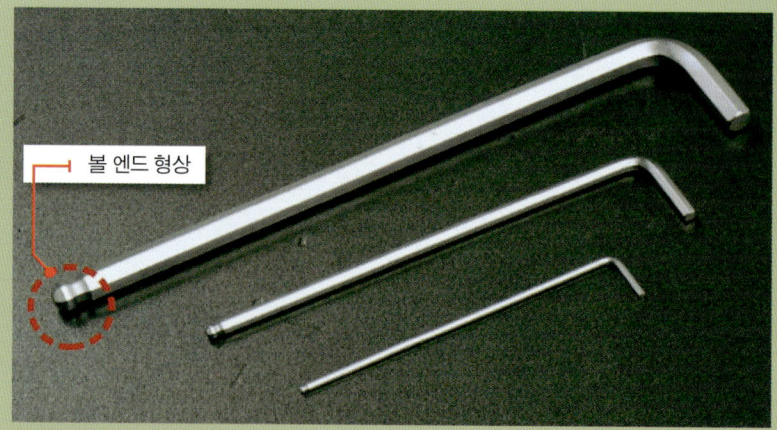

육각 렌치는 사이즈가 풍부하게 마련되어 있고, 작업성 향상을 위해 다양한 아이디어가 활용되어 있는 것이 많다

드라이버보다 강한 힘으로 돌릴 수 있다는 장점이 있다. 다만, 너무 세게 조이지 말도록 주의할 것

볼트에 난 육각 구멍에 끼워서 사용하는 구조이므로 드라이버보다 강한 힘으로 돌릴 수 있다

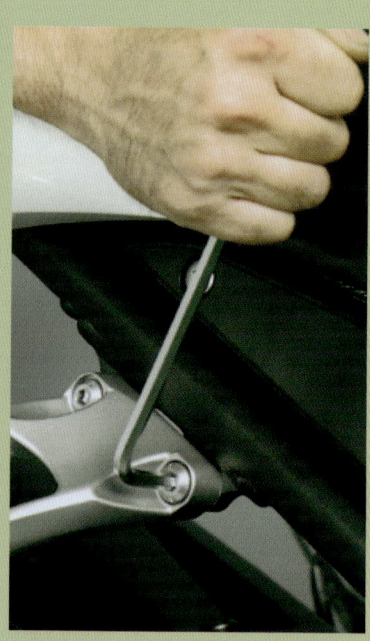

느슨하게 할 때 또는 체결할 때 L자 모양의 짧은 부분을 사용하면 지렛대의 힘을 유효하게 사용할 수 있다

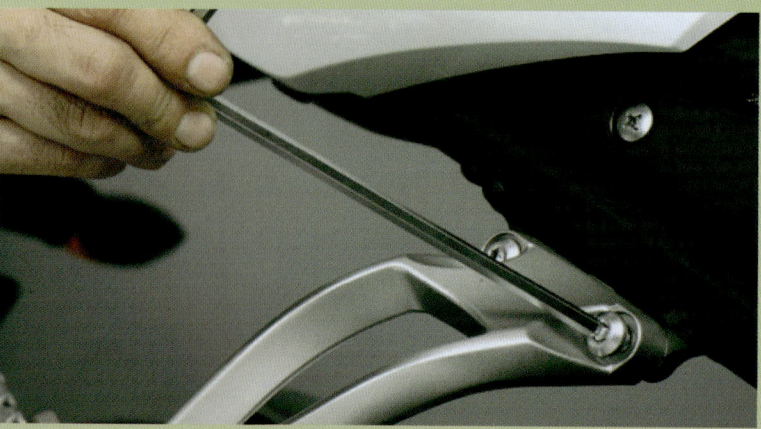

볼 엔드 타입은 약간 비스듬하게 꽂힌 상태로도 돌릴 수 있어서 작업성이 좋다

볼트 너트의 종류

볼트 종류에 따른 역할을 이해하자

바이크에는 수많은 볼트 너트가 사용되고 있는데, 어떤 곳에 어떤 사이즈, 형상, 재질의 볼트 너트를 사용하는 지에는 모두 의미가 있다. 만일 정비 작업을 하다가 볼트 너트를 분실했을 경우, 사이즈나 모양이 비슷하다고 해서 아무 것이나 대용품으로 쓰는 것은 삼가야 한다. 볼트 강도가 원래의 것과 다르면 최악의 경우 볼트가 부러지는 트러블이 발생할 수도 있기 때문이다. 볼트 너트의 관리는 정비 작업 중에서도 가장 신경 써야 하는 것 중의 하나이다.

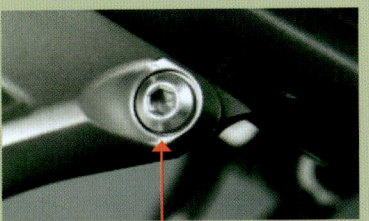

헥사곤 볼트
육각 구멍이 나 있다. 일반적인 볼트보다 머리를 작게 만들 수 있어서 좁은 장소에 사용된다

십자 나사
좁은 곳이나 탈착이 빈번한 곳에 많이 쓰인다. 조임 토크는 작은 편이다

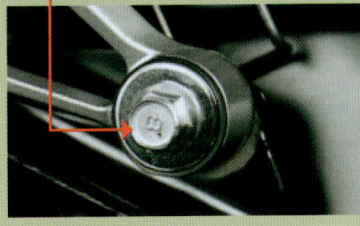

육각 볼트
가장 흔히 쓰이는 볼트. 사진처럼 와셔가 일체식으로 만들어진 타입도 있다.

토크스 볼트
별 모양의 구멍이 나 있다. 브레이크 캘리퍼 등 아무나 섣불리 만져서는 안 되는 곳에 주로 사용된다

소켓 렌치 사용법

다양한 종류를 최대한 활용하자

소켓 렌치의 소켓에는 다양한 종류가 존재한다. 대표적인 것으로는 볼트 너트를 돌리는 구멍이 12각짜리와 6각짜리가 있다. 강한 힘을 걸 수 있는 6각은 20mm 이상, 빠르게 돌릴 수 있는 12각은 19mm 이하로 갖추면 좋다. 그밖에도 육각형, 십자형, 일자형이 있다. 토크스형은 필요에 따라 천천히 갖추어도 좋다.

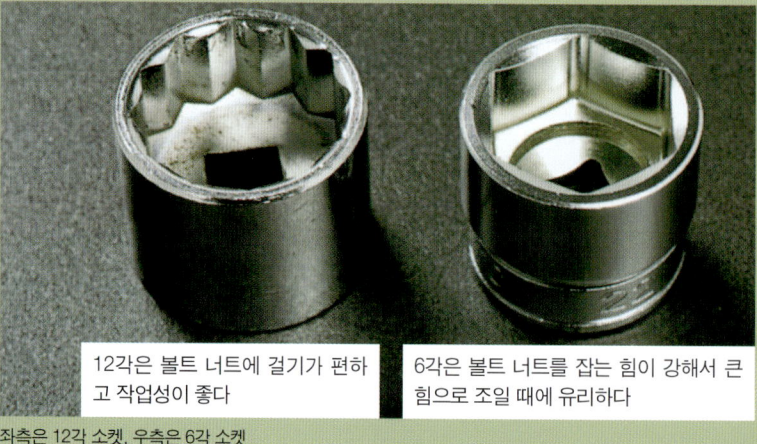

12각은 볼트 너트에 걸기가 편하고 작업성이 좋다

6각은 볼트 너트를 잡는 힘이 강해서 큰 힘으로 조일 때에 유리하다

좌측은 12각 소켓, 우측은 6각 소켓

토크스 처럼 특수한 형상의 볼트를 돌리는 소켓도 있다

차량탑재 공구를 파악하자

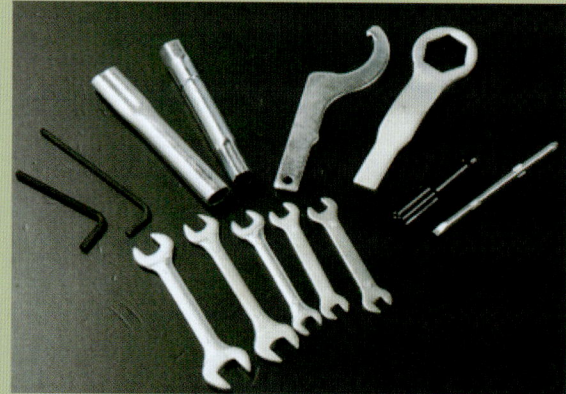

야마하 FZ-1용 순정 공구

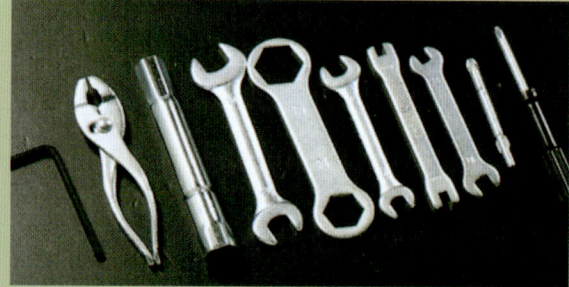

야마하 WR250R용 순정 공구

야마하 그랜드 마제스티400용 순정 공구

자기 바이크에 맞춰서 추가하도록

바이크에 기본으로 실려 있는 탑재공구는 품질이 그다지 좋은 편이 아니다. 실제로 이 공구로 뭔가 정비를 하기에는 한계가 있다. 필요에 따라 품질 좋은 공구로 바꾸거나 추가하거나 해서 간단한 자가 정비쯤을 할 수 있을 정도는 갖추도록 하자.

차체 정비

섬세한 부품들로 구성된
바이크 차체이므로 꼼꼼하게 점검하자

스티어링
서스펜션
브레이크
구동 계통
타이어, 휠

스티어링 정비

스티어링 점검

바이크를 밀어서 이동시킬 때나 주행 중에 핸들 움직임이 이상하다면 스티어링 기능이 제대로 이루어지고 있는지를 확인해볼 필요가 있다. 핸들이 잘 꺾이는지 크램프 볼트가 느슨하지 않은지 점검하자.

| 스티어링 점검 기준 | 5,000km마다 또는 6개월마다 |

Check Point
❶ 핸들이 잘 꺾이는지 확인한다
❷ 클램프 볼트를 확인한다

1 Check Point 핸들이 잘 꺾이는지 확인한다

전륜을 띄워서 실시

센터 스탠드를 사용하거나 해서 앞바퀴를 완전히 지면에서 띄운다. 그 상태에서 핸들을 좌우로 꺾어서 스티어링이 돌아가는 움직임에 위화감이 없는지 확인한다. 정상적인 스티어링은 힘을 주지 않아도 가운데에서 좌우 어느 쪽으로나 자연스럽게 꺾이려고 한다. 움직임에 뭔가 걸리는 것이 있거나 위화감이 있다면 스티어링 헤드 베어링에 트러블이 발생했을 가능성이 높다.

가운데에서 좌우 어느 쪽으로든 자연스럽게 핸들이 꺾인다면 정상이다

핸들을 좌우로 꺾으면서 움직임에 위화감이 있는지 확인한다

2 Check Point 클램프 볼트를 확인한다

너무 세게 조이지 말 것

탑 브리지에는 프런트 포크를 고정하고 있는 클램프 볼트가 있는데, 이것이 헐거워져 있지 않은지 점검한다. 만약 헐거워서 다시 조일 때에는 너무 세게 조이지 않도록 주의한다. 너무 세게 조이면 볼트가 부러지거나, 프런트 포크 안에 들어 있는 이너 튜브가 찌그러질 수가 있다.

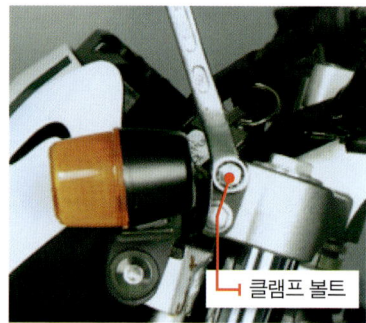

클램프 볼트

렌치로 조여 보면서 클램프 볼트가 헐겁지 않은지 확인한다

원 포인트

스티어링 둘레의 정비는 안전과도 직결되는 부분이므로 신중한 작업이 필요하다. 자신이 없는 사람은 주저 말고 전문점에서 점검받도록 하자.

서스펜션 정비

프런트 서스펜션 점검

프런트 서스펜션은 노면의 충격을 흡수하고, 코너링에서 바이크의 자세를 변화시키는 역할을 한다. 안전에 직결되는 부분이므로 작동성에 이상을 느꼈다면 즉시 전문점에서 점검하도록 하자.

| 프런트 서스펜션 점검 기준 | 5,000km마다 또는 6개월마다 |

Check Point

❶ 작동 상태를 확인한다

1 Check Point 작동 상태를 확인한다

신축하는 움직임을 확인

프런트 브레이크 레버를 쥐어서 전륜이 움직이지 않도록 한다. 그 상태에서 핸들을 두 손으로 아래쪽으로 눌러서 프런트 서스펜션이 가라앉도록 한다. 이 작업을 몇 차례 되풀이하면서 프런트 서스펜션이 부드럽게 신축운동을 하는지 확인해 보자. 누르는 도중이나 늘어나는 도중에 뭔가 걸리는 듯한 위화감을 느꼈다면 포크가 굽었거나 장착 상태 불량, 또는 내부 파트 손상 등의 가능성이 있다.

전륜이 움직이지 않도록 오른손으로 브레이크를 건다

원 포인트

프런트 서스펜션의 정비는 안전성에 직결되므로 신중한 작업이 요구되며, 수많은 전용공구가 필요하다. 곧바로 전문점에 점검을 의뢰하자.

서스펜션이 신축할 때에 뭔가 걸리는 것 같은 느낌이 있다면, 서스펜션이 굽었거나 장착 불량 등의 가능성이 있다. 곧바로 전문점에 점검을 의뢰하자

두 손으로 핸들을 눌러서 서스펜션을 신축시켜 본다

서스펜션 정비

리어 서스펜션 점검

리어 서스펜션은 댐퍼 유닛과 스윙 암으로 구성되어 있으며, 정비를 하려면 지식과 경험이 필요하다. 평소에는 작동 상태가 어떤지를 점검할 수만 있다면 충분하다.

| 리어 서스펜션 점검 기준 | 5,000km마다 또는 6개월마다 |

Check Point

❶ 작동 상태를 확인한다

1 Check Point 작동 상태를 확인한다

서스펜션을 신축시켜서 소리도 확인한다

프런트 서스펜션과 마찬가지로 리어 서스펜션을 눌러서 서스펜션이 부드럽게 신축하는지 확인해 본다. 삐걱거리는 소리가 난다면 구성 파트가 손상되어 있거나 가동부의 그리스 부족 등이 의심된다. 즉시 전문점에 점검을 의뢰하자.

걸리는 감각이나 삐걱거리는 소리가 난다면 트러블이 발생했을 가능성이 높다. 전문점에 점검을 의뢰하자

바이크를 눌러서 리어 서스펜션을 신축시켜 본다

댐퍼 유닛, 스윙 암의 링크에 이상이 없는지 눈으로 직접 확인해 보자

댐퍼 유닛

스윙 암 링크

브레이크 정비

디스크 브레이크 점검

디스크 브레이크 점검은 브레이크액과 브레이크 패드 상태를 확인하는 것이 중심이다. 브레이크는 중요한 안전장치이므로 섣불리 분해 정비해서는 안 된다. 이상을 느꼈다면 전문점에 점검을 의뢰하자.

| 디스크 브레이크 점검 기준 | 5,000km마다 또는 6개월마다 |

Check Point
① 브레이크 패드를 점검한다
② 브레이크액을 점검한다
③ 디스크 상태를 점검한다

1 Check Point 브레이크 패드를 점검한다

패드의 마모 상태를 확인

사진에서는 브레이크 캘리퍼를 분해하고 있지만 브레이크 패드의 잔량은 캘리퍼가 장착된 상태에서도 육안으로 확인이 가능하다. 잔량 눈금이 새겨져 있는 패드도 있다. 사용 한도는 두께가 1mm 정도가 일반적이지만, 사용 한도에 가까워질수록 브레이크 작동감이 악화된다. 2mm를 밑돈다면 아까워하지 말고 신품으로 교환하는 것이 좋다.

브레이크 캘리퍼를 분해하면 브레이크 패드가 나타난다

브레이크 패드

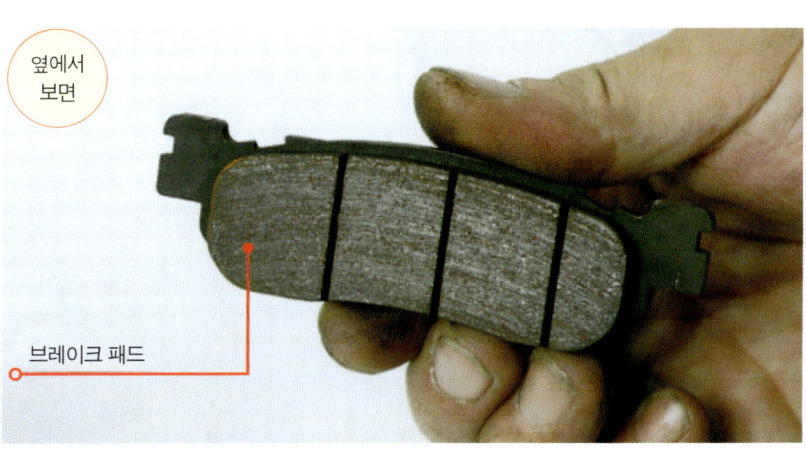
옆에서 보면 / 브레이크 패드
브레이크 패드 잔량은 브레이크 캘리퍼에 장착한 상태에서도 확인 가능하다

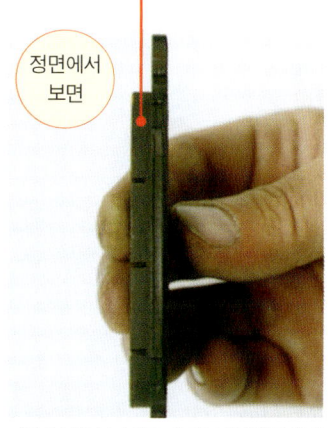
정면에서 보면
이렇게 보면 브레이크 패드 두께(잔량)도 확인할 수 있다

브레이크 정비

2 Check Point 브레이크액을 점검한다

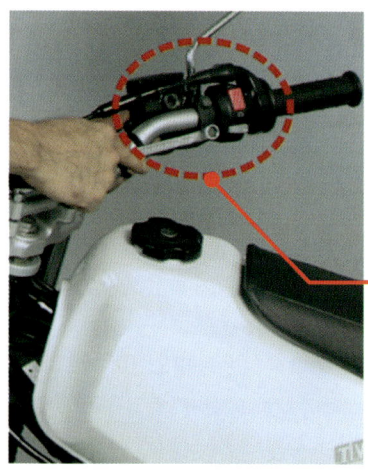

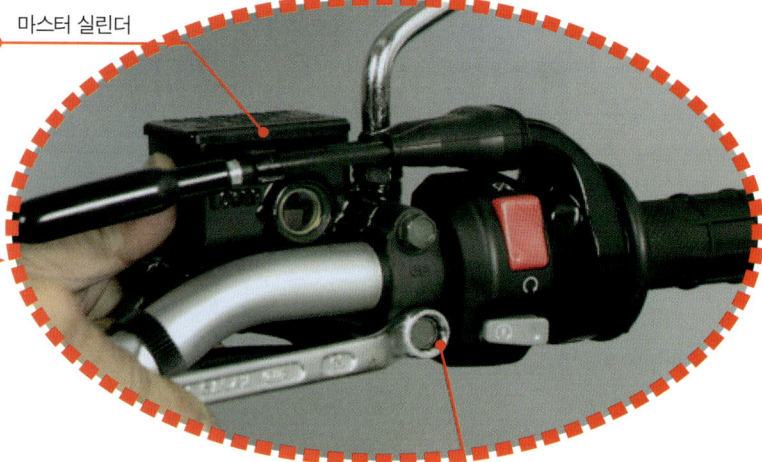

마스터 실린더

레버 홀더 볼트를 풀어서 마스터 실린더가 수평이 되도록 세팅한다

레버 홀더 볼트를 풀어서 마스터 실린더를 지면과 수평으로 맞춘다

액의 잔량이나 색깔을 본다

프런트 브레이크의 브레이크액을 점검하려면 마스터 실린더 점검창을 통해 그 상태를 확인하면 된다. 우선, 마스터 실린더가 지면과 수평을 이루도록 레버 홀더의 볼트를 풀어서 조절한다. 점검창을 통해 브레이크액이 규정 범위 안에 들어 있는지 확인하고, 열화 상태를 색깔로 판단한다. 리어 브레이크도 마찬가지다. 마스터 실린더 규정선 안에 유면이 위치해 있는지를 확인하고, 브레이크액의 색깔도 확인한다. 브레이크액 열화가 의심된다면 전문점에 의뢰해서 브레이크액을 교환해 달라고 하자.

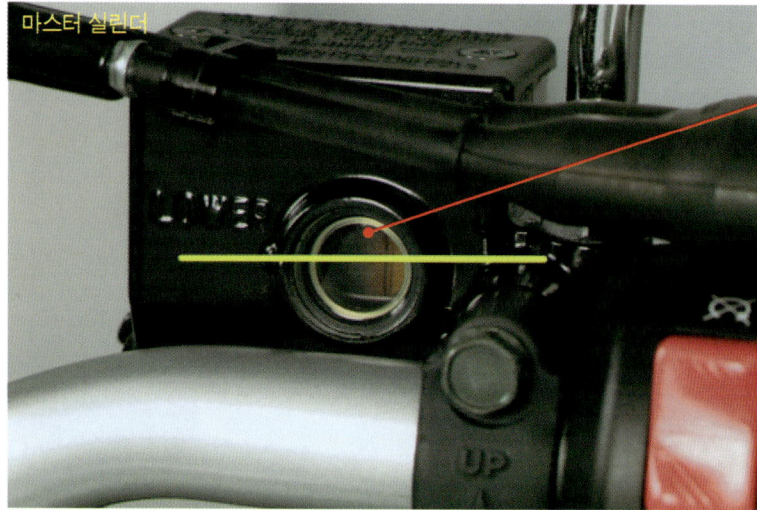

마스터 실린더

브레이크액의 색깔도 확인하자. 투명도가 떨어져서 탁하거나, 또는 시커멓게 더러워져 있다면 교환할 시기이다

하한선보다 위에 유면이 오는지 확인한다

원 포인트

브레이크액은 독성이 강해서 도장면에 묻으면 도장이 벗겨진다. 사람 몸에 묻어도 위험하므로 브레이크액 보충이나 교환 작업은 전문점에 맡기는 편이 무난하다

제 2 장 차체정비

리어 브레이크

규정 레벨

브레이크액을 보충할 때에는 이미 들어있는 액과 같은 이름, 같은 규격(DOT)을 사용할 것. 섞어서 사용하면 안 된다

규정치 레벨까지 브레이크액이 들어 있는지 확인한다

리어 브레이크 마스터 실린더는 시트 밑이나 사이드 커버 안쪽에 숨어 있는 경우가 많다. 필요하다면 시트나 커버를 떼어내고 확인하자

3 Check Point 디스크 상태를 점검한다

디스크는 소모품이다

브레이크 패드를 몇 번이고 교환하면서 사용한 디스크는 디스크 자체의 마모도 의심해 봐야 한다. 패드와 마찬가지로 디스크도 소모품이므로 제동력이 떨어졌을 경우에는 디스크 교환도 검토해 보자. 디스크의 사용 한도 두께는 각 기종마다 서비스 매뉴얼에 수치가 기재되어 있으므로 참조하자.

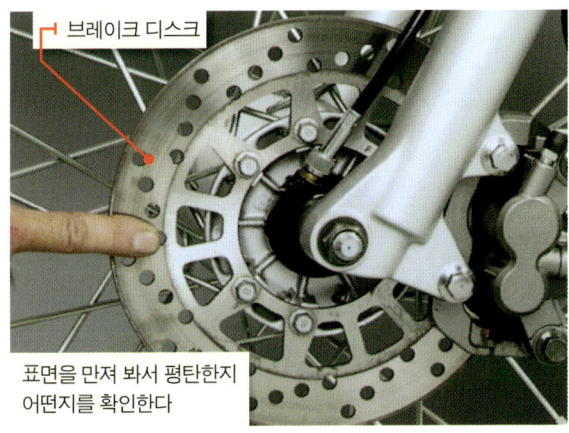

브레이크 디스크

표면을 만져 봐서 평탄한지 어떤지를 확인한다

손으로 디스크를 만져서 편마모 등이 없는지 점검한다

스테인리스 디스크에 묻은 녹은 브레이크 패드의 금속 성분에 의한 경우가 많다

89

브레이크 정비

드럼 브레이크 점검과 조정

드럼 브레이크는 소형 바이크를 중심으로 아직도 널리 쓰인다. 유압식 디스크 브레이크에 비해서 구조가 단순하므로 정비에 필요한 요령을 이해하기가 쉽다.

드럼 브레이크 점검 기준	3,000km마다 또는 3개월마다

Check Point
❶ 라이닝 마모를 점검한다
❷ 유격을 조절한다

1 Check Point 라이닝 마모를 점검한다

마모가 심하다면 전문점으로

휠 허브 안에 확장식 브레이크 슈가 들어있는 드럼 브레이크는 라이닝 마모상태를 확인하려면 휠을 떼어내야 할 필요가 있다. 그러나 모델에 따라서는 라이닝 마모 상태를 나타내 주는 인디케이터가 마련되어 있는 것도 있다. 마모 한도를 가리키고 있다면 전문점에 브레이크 정비를 의뢰하자.

인디케이터를 보면 드럼 브레이크의 라이닝 마모 정도를 알 수 있다

인디케이터

라이닝 마모가 심하면 전문점에서 점검을 받자

제 2 장 차체정비

2 Check Point 유격을 조절한다

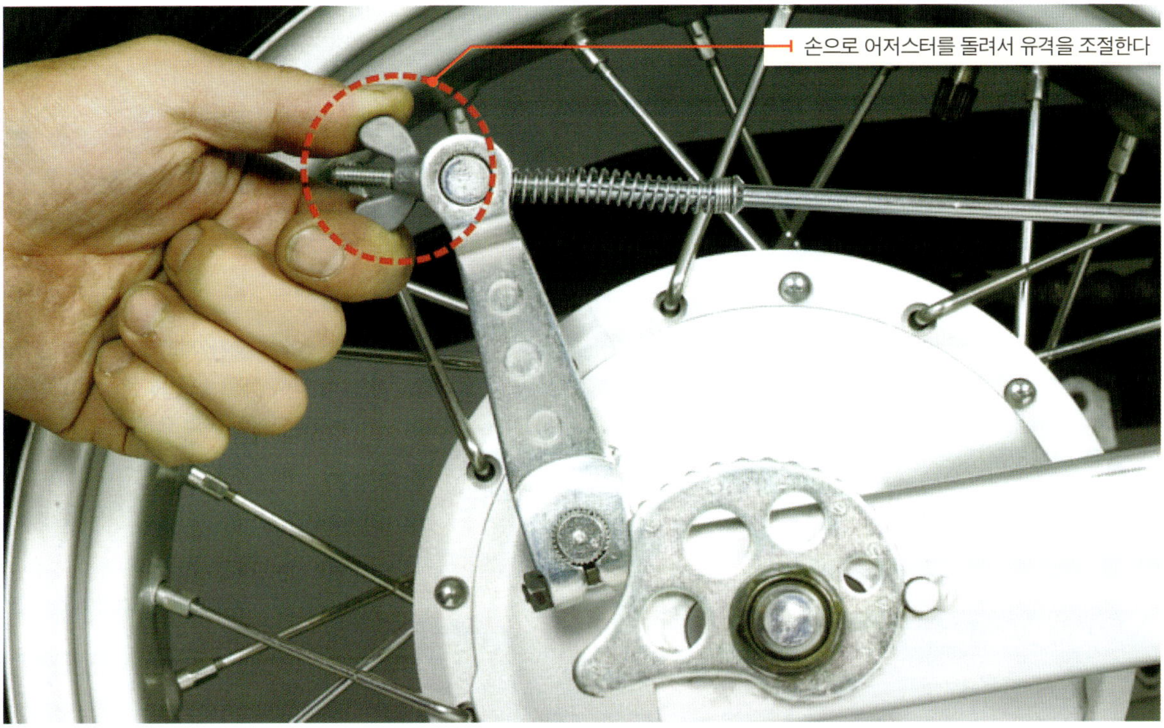

← 손으로 어저스터를 돌려서 유격을 조절한다

적절한 유격은 서비스 매뉴얼의 값을 참조할 것

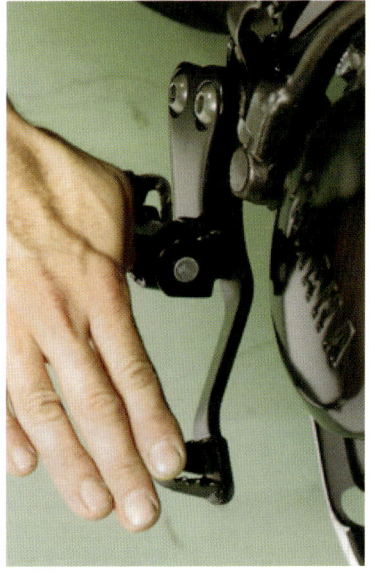

어저스터로 유격을 조절하면서 브레이크 페달을 손으로 눌러서 유격이 적당한지를 확인한다

브레이크 슈

브레이크 페달을 밟으면 브레이크 슈가 바깥쪽으로 벌어지면서 드럼 허브 안쪽에 밀착된다. 그때의 마찰력으로 제동력을 얻는 것이 드럼 브레이크이다

어저스터로 조절한다

드럼 브레이크는 그 구조상 계속 사용하다 보면 페달의 유격이 변화해 간다. 유격이 너무 커졌다면 어저스터를 조여서 적절한 유격으로 조정하자. 이때에 너무 많이 조이면 브레이크가 계속 걸리는 상태가 되어 버릴 수가 있으므로, 후륜을 띄워서 돌려보면서 조여 가도록 한다.

구동 계통 정비

◆ 스넬캠 방식의 유격 조정

스넬캠 방식 어저스터의 유격 조정 순서
① 우선 액슬 너트를 푼다
② 스윙 암 양쪽의 스넬캠 눈금을 같은 위치에 오도록 맞추면서 움직인다
③ 스윙 암 중앙 부근에서 체인을 들어 올려 보고 적절한 유격이 되었는지 확인한다

액슬 너트

볼트 너트 방식과 마찬가지로 액슬 너트를 먼저 푸는 데에서 작업은 시작된다

스넬캠을 손으로 돌리기 힘들 때에는 스넬캠의 돌출부를 플라스틱 망치 등으로 살살 치면 쉽게 돌릴 수 있다

2 Check Point 드라이브 체인 라인을 확인한다

체인이 일직선으로 뻗도록

스윙 암 좌우 양쪽에 새겨진 어저스터 눈금이 같은 위치에 있다면 체인 라인도 똑바로 되어 있다. 그러나 오래된 바이크 등의 경우는 좌우 어저스터 눈금이 서로 약간 벗어나 있을 수도 있으므로 마지막에는 반드시 눈으로 체인 라인을 확인하는 관습을 들여 두도록 하자. 바이크 뒤로 1m 정도 떨어진 곳에서 체인이 뻗어 있는 상태를 보면 알 수 있다. 후륜을 지면에서 띄우고 공회전시켜 보았을 때에 원활하게 가볍게 돈다면 문제없다.

사진처럼 체인 라인이 곧게 뻗어 있다면 문제없다. 라인이 굽어 있을 경우에는 스윙 암 양쪽의 어저스터를 돌려서 조정하도록 한다

바이크에서 1m 정도 떨어진 뒤에서 체인 라인을 육안으로 확인한다

제 2 장 차체정비

3 Check Point 드라이브 체인에 주유한다

O링 체인일 경우에는 O링 체인 전용 클리너(체인 메이커로부터 시판되고 있다)를 쓰도록 하자

체인 클리너로 기름때나 흙탕을 제거한다

체인 클리너를 활용하자

체인이 심하게 더러워져 있다면 체인 클리너를 사용해서 깨끗하게 청소하도록 한다. O링 체인일 경우에는 O링 체인 전용 클리너를 쓰도록 하자. O링 체인에 휘발성 용제나 와이어 브러시, 고온고압 세척기 등을 사용하면 그리스를 봉입하고 있는 O링이 파손되어 버릴 우려가 있으므로 주의해야 한다.

체인 조인트 부분에도 주유한다. 체인 전체에 충분히 주유한다. 이때에 엔진은 반드시 꺼 둘 것

COLUMN

장갑은 절대로 사용하지 말 것!

드라이브 체인을 정비할 때에 주의해야 할 점은 회전하는 체인과 스프로킷 사이에 손가락이 끼는 사고다. 엔진이 걸려 있는 상태에서 체인 정비는 절대로 삼가자. 사람 힘으로 후륜을 돌리더라도 체인과 스프로킷 사이에 손가락이 끼면 역시 크게 다친다. 손이 지저분해지니까 목장갑을 끼고 싶겠지만, 목장갑은 맨손보다 체인에 걸려 들어갈 위험성이 훨씬 크다. 맨손으로 작업하도록 명심하자.

전체에 충분히 주유했으면 남아도는 오일은 닦아 낸다

과도한 주유는 오히려 먼지나 모래 등이 묻기 쉽다

목장갑을 끼고 작업을 하면 이런 상황이 되기 쉽다. 손이 더러워지더라도 맨손으로 작업하자

구동 계통 정비

스프로킷 점검

스프로킷은 드라이브 체인과 마찬가지로 소모품이다. 드라이브 체인을 교환할 때에는 전후 스프로킷도 세트로 교환할 것.

| 스프로킷 점검 기준 | 5,000km마다 또는 6개월마다 |

Check Point

❶ 스프로킷 상태를 점검한다

1 Check Point 스프로킷 상태를 점검한다

이빨이 너무 날카로워지면 교환

프런트(드라이브) 스프로킷은 일반적으로 스프로킷 커버 등에 가려서 외부에서는 잘 보이지 않는 경우가 많다. 그래서 상태를 확인하기 위해서는 커버를 제거할 필요가 있다. 스프로킷의 이빨이 마모되어 뾰족해졌거나 가늘게 깎여 있으면 교환할 시기이다. 리어(드리븐) 스프로킷은 체인 커버를 벗기면 손쉽게 상태를 확인할 수 있다. 이것도 프런트와 마찬가지로 스프로킷의 이빨이 뾰족해졌거나 가늘게 깎여 있는지 점검한다.

프런트

프런트 스프로킷은 스프로킷 커버를 벗겨내고 점검한다

스프로킷 커버

이빨이 가늘게 뾰족해졌다면 교환한다

스프로킷의 이빨 상태를 육안으로 확인한다

리어

프런트와 마찬가지로 스프로킷의 이빨이 뾰족해졌거나 가늘게 깎여 있는지 점검한다

리어 스프로킷은 체인 커버를 벗기면 확인할 수 있다

신 품

교환이 필요함

체인의 힘을 받아 이빨이 구부러져 있다

신품과의 비교 사진. 신품은 이빨이 고르고 균일하지만 오래 된 것은 이빨이 가늘고 뾰족하다

타이어, 휠 정비

타이어 점검

라이더의 체중을 포함해서 200kg을 거뜬히 넘는 바이크의 무게를 지탱하는 것은 앞뒤 타이어를 합쳐서 기껏해야 엽서 한 장 정도밖에 안 되는 좁은 면적이다. 타이어 상태는 그대로 바이크의 주행 성능에 직결된다.

타이어 점검 기준	1,000km마다 또는 2주일마다

Check Point
❶ 타이어 상태를 점검한다

1 Check Point 타이어 상태를 점검한다

확인 사항
① 트레드 면(노면과 접촉하는 부분)이나 사이드 월(타이어의 옆면)에 상처가 있지 않은가?
② 홈은 충분히 남아 있는가?
③ 금속 파편 등 이물질이 박혀 있지 않은가?

공기압도 확인한다

운행하기 전을 비롯해서 일상 점검에서 특히 중요한 사항이 타이어 상태 확인과 적정한 타이어 공기압 점검이다. 노면과의 마찰력으로 주행 성능을 발휘하는 타이어는 사용할 때마다 마모가 진행된다. 홈의 깊이가 사용 한도인 0.8mm 이하로 닳거나, 트레드의 일부분이 편마모된 타이어는 핸들링, 직진성, 연비 등을 악화시키는 원인이 된다. 평소부터 점검을 습관화해야 할 부분이다. 또한, 알맞은 공기압도 타이어를 정상적으로 사용하기 위해서는 빼놓을 수 없는 요소다. 최소한 한 달에 한 번, 가능하다면 보름에 한 번 이상으로 타이어 공기압을 점검하도록 명심하자.

타이어의 수명이란 사용 상황 등에 따라 천차만별이다. 그러나 2년 이상 경과한 제품은 성능 저하가 심하므로 홈이 아무리 많이 남아 있더라도 교환하는 편이 무난하다

적정 공기압은 서비스매뉴얼이나 스윙 암 경고 씰에 기재되어 있다

스윙 암 경고 씰에 기재되어 있는 적정 공기압 표시예

타이어, 휠 정비

스포크 점검

아메리칸 크루저, 오프로드, 클래식 타입 바이크가 많이 채용하고 있는 것이 스포크 휠이다. 주행거리가 늘면 스포크가 헐거워질 수가 있다.

| 스포크 점검 기준 | 1,000km마다 또는 2주일마다 |

Check Point
① 스포크 상태를 점검한다
② 스포크 텐션을 조절한다

1 Check Point 스포크 상태를 점검한다

두드렸을 때에 나는 소리로 판단

스포크를 한 가닥씩 드라이버 등으로 두드리면 정상적인 스포크는 '팅' '탱' 하는 맑은 소리가 난다. 반대로 헐거워진 스포크는 '퉁' '텅' 하는 둔한 소리가 난다. 헐거워진 포크는 림쪽에 연결되는 니플을 전용 렌치로 돌려서 조이면 팽팽하게 맞출 수 있다. 다만, 너무 세게 조이지 않도록 주의하자. 너무 조이면 휠이 변형될 수가 있다. 아울러 스포크를 제대로 팽팽하게 당길 자신이 없다면 섣불리 만지지 말고, 헐겁지 않은지만 확인하면 된다.

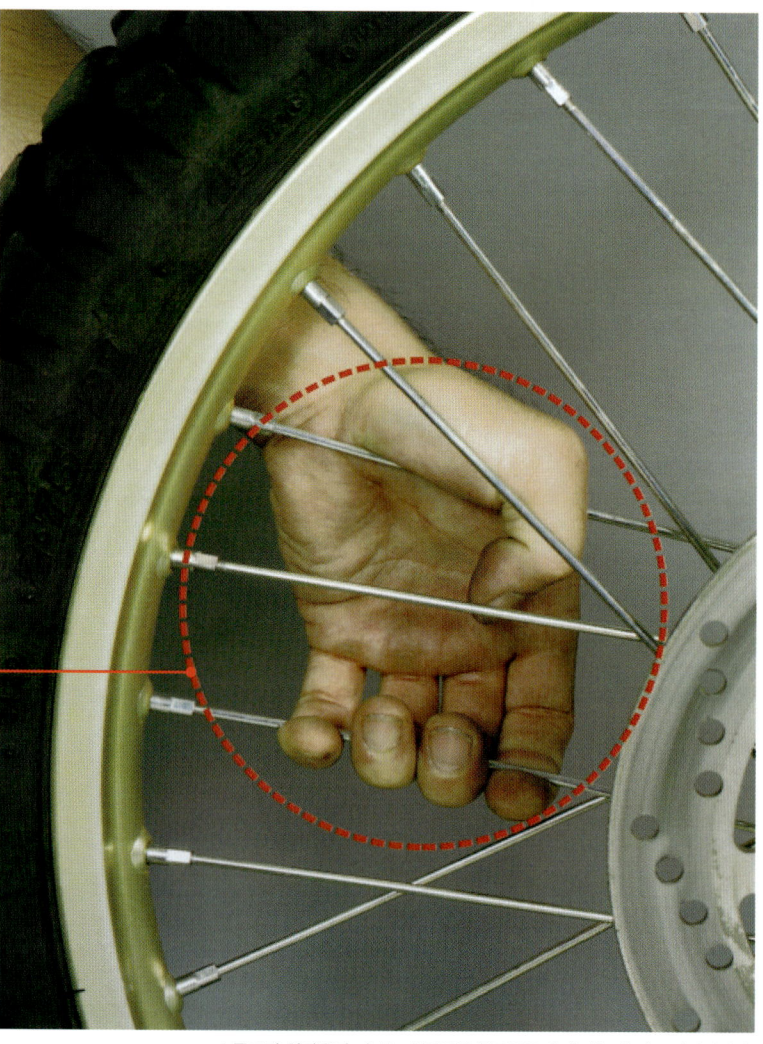

스포크를 몇 가닥 한꺼번에 쥐어서 헐거운지 여부를 확인한다. 스포크를 조이다가 혹시나 너무 조여서 휠을 찌그러뜨리는 것이 걱정된다면 이 방법을 익혀 두면 좋다

원 포인트

스포크를 점검하다가 만약에 부러진 스포크를 발견했다면 즉시 전문점에 수리를 의뢰하자. 스포크는 분해해서 다시 조립하는 것이 기본이지만, 게 중에는 부러진 스포크만 교환할 수 있는 것도 있다.

스포크가 헐거운지 여부는 스포크를 두드렸을 때에 나는 소리로 판단하거나, 스포크를 몇 가닥 쥐어 보고 확인하거나 한다

제 2 장 차체정비

2 Check Point 스포크 텐션을 조절한다

니플 렌치를 사용한다

스포크의 텐션을 맞출 때에는 니플 렌치라고 불리는 전용 공구를 사용한다. 니플을 조이면 스포크가 당겨지고, 풀면 느슨해진다. 니플은 림의 안쪽과 바깥쪽에 교대로 늘어서 있으므로 좌우의 균형을 고려해서 작업하지 않으면 휠 밸런스가 엉망이 되어 버린다. 경험과 노하우가 필요한 작업이다.

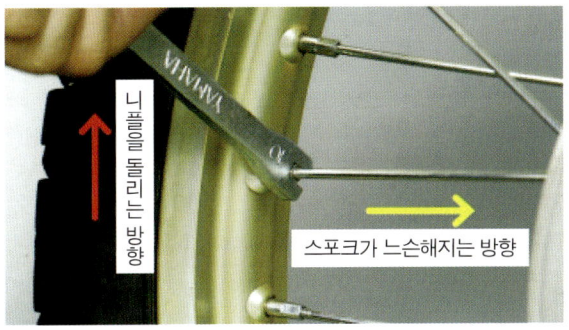

니플을 풀면 스포크가 느슨해진다

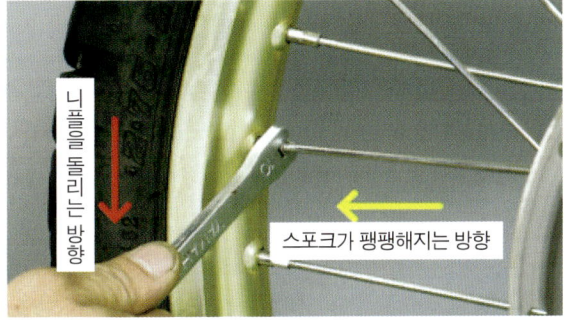

니플을 조이면 스포크가 팽팽해진다

타이어, 휠 정비

샤프트 드라이브 점검

구조가 견고한 샤프트 드라이브 방식은 체인 구동 방식에 비해 정비 요소가 적다는 장점이 있다. 드라이브 기어 오일을 정기적으로 교환할 필요가 있다.

| 샤프트 드라이브 점검 기준 | 20,000km마다 또는 24개월마다 |

Check Point
❶ 드라이브 기어를 점검한다

1 Check Point 드라이브 기어를 점검한다

서비스매뉴얼의 지시 사항에 따른다

샤프트 드라이브 바이크의 드라이브 기어 박스 속에는 엔진 오일보다 점도가 높은 기어 오일이 들어있다. 이 오일의 교환 주기는 바이크마다 다르므로 서비스매뉴얼에 기재된 오일 점도와 교환 시기를 지키도록 한다.

드라이브 기어 박스의 드레인 볼트

드라이브 기어 박스에는 기어 오일이 들어있다. 오일 교환은 서비스매뉴얼을 참조하자

99

오프로드 바이크를 위한 세차 테크닉부터 트러블 해결법까지

오프로드 바이크의 정비 & 트러블 슈팅

가혹한 조건에서 주행할 일이 많은 오프로드 바이크는 당연히 온로드 바이크와는 다른 정비 주의 사항이나 세차 테크닉이 있다. 또한 산속에서 만날 수 있는 사고나 트러블에 유연하게 대처할 수 있는 지식도 갖춰야 한다.

오프로드 바이크 세차 테크닉

길이 없는 비포장 바닥을 달리게 만들어진 오프로드 바이크는 온로드 바이크로는 생각도 못하는 곳에 진흙이나 모래가 침입하곤 한다. 바이크의 성능을 유지하기 위해서는 오프로드 바이크만의 세차법을 알아 두어야 한다. 세차는 바이크를 깨끗하게 하는 것은 기본이고, 각 파트의 컨디션을 파악하는 좋은 기회가 된다.

▶ 오프로드 바이크는 이렇게나 더러워진다

흙탕물이나 모래를 철저하게 닦자

맑고 건조한 날씨의 임도 등 노면 상태가 비교적 양호한 비포장 길을 달린다면 바이크에 묻는 것은 흙이나 먼지가 대부분이다. 이 경우에는 일반적인 세차로도 충분히 대처가 가능하다 (P28~ 참조). 그러나 비에 젖은 진흙 길 등을 달린 경우는 타이어를 비롯해서 차체 곳곳이 흙탕이나 진흙 범벅이 된다. 눈으로 보이는 부분 말고도 주의 깊게 살펴봐야 알 수 있는 깊숙한 곳까지 들어간 흙탕물은 철저하게 씻어내는 수밖에는 제거할 방법이 없다.

스포크가 헐거운지 여부는 스포크를 두드렸을 때에 나는 소리로 판단하거나, 스포크를 몇 가닥 쥐어 보고 확인하거나 한다

하체에 비해서 상체 부분은 비교적 깨끗하다. 그러나 뜻하지 않은 곳에 진흙이 들어가 있는 일이란 흔하다. 꼼꼼히 점검하자

엔진이나 배기관은 뜨거우므로 진흙이 눌어붙기 쉽다. 깨끗하게 닦아내도록 하자

엔진 앞면, 배기관, 프레임 등은 앞바퀴가 튕겨 올린 진흙을 그대로 뒤집어쓰기 때문에 심하게 더러워진다

드라이브 체인도 진흙을 사방에 뿌리므로 그 둘레가 더러워진다

시트 뒷면이나 에어클리너 박스, 사이드 커버 뒷면 등 겉으로는 안 보이는 곳에도 뒷바퀴가 튕겨 올린 진흙이 들어가 있곤 한다

순서 1 떼어낼 수 있는 파트는 모조리 떼어낸다

세차 작업의 효율성을 높이기 위해

  차체 안쪽까지 침입한 흙탕을 씻어내려면 외장 파트를 전부 떼어내는 편이 효과적으로 세차 작업을 진행할 수 있다. 일반적으로 오프로드 바이크는 온로드 바이크에 비해 연료 탱크나 시트, 사이드 커버, 펜더 등을 떼어내기 편리한 구조로 되어 있다. 귀찮아하지 말고 각 부품을 떼어낸 다음에 여기저기 묻어 있는 진흙을 씻어 내도록 하자.

부품을 떼어 내기 전에 먼저 차체 전체에 묻은 진흙을 고압 세차기로 대충 떨어낸다. 겉에서 봤을 때에 대부분의 진흙이 떨어진 것을 확인한 다음에 각 부품을 떼어 내도록 하자

볼트 너트는 작은 접시나 비닐 봉투에 넣어서 보관하면 좋다

연료 탱크나 사이드 커버, 시트를 떼어낼 때에 고정 볼트나 너트 등을 분실하지 않도록 주의한다

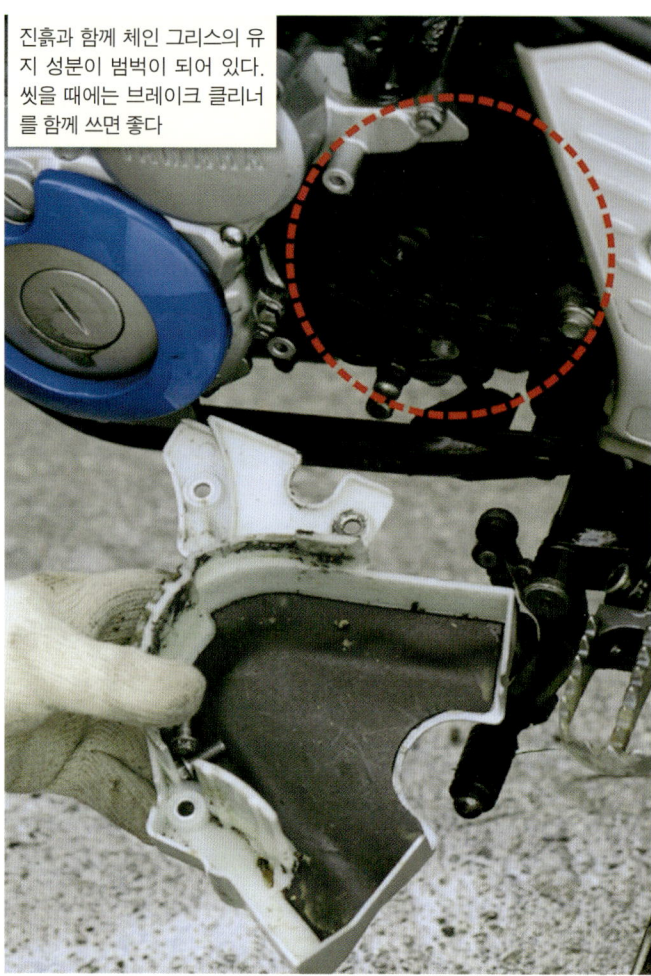

진흙과 함께 체인 그리스의 유지 성분이 범벅이 되어 있다. 씻을 때에는 브레이크 클리너를 함께 쓰면 좋다

드라이브 스프로킷 커버 안쪽은 드라이브 체인에 묻어온 진흙이 대량으로 차있는 일이 많다

언더 가드도 상당히 지저분해지는 부분이므로 깨끗이 씻는다

엔진을 돌멩이나 바위로부터 지키는 언더 가드. 엔진과 프레임 밑면을 닦으려면 떼어내는 편이 좋다

브러시로 닦기가 애매한 부분은 목장갑을 낀 손으로 직접 문지르면 좋다. 바이크의 파트는 예리한 형상이 많기 때문에 손을 보호하는 의미로도 세차할 때에는 목장갑을 끼도록 하자

순서 2 중요한 구멍은 테이프로 막아 놓자

흙탕물이 들어가는 것을 막는다

떼어낼 부품을 전부 떼어냈으면 차체에 묻은 진흙을 닦아내기 전에 물이 들어가면 안 되는 부분을 테이프 등으로 막아 놓자. 구체적으로는 에어클리너 박스의 외기 도입구, 연료 탱크에서 뽑은 연료 호스 등이다. 머플러의 배기구도 막아 놓으면 좋다.

에어클리너 박스의 외기 도입구
오프로드를 달린 후에는 에어클리너가 더러워졌을 경우가 많다. 세차하는 김에 에어클리너도 청소하도록 하자
(P52~ 참조)

에어클리너 박스의 외기 도입구는 에어클리너 박스 윗면, 또는 옆면에 있다

테이프로 막기 전에 파트/브레이크 클리너로 표면을 깨끗이 해놓으면 테이프가 잘 붙어있게 된다

에어클리너 박스의 외기 도입구를 막을 때에는 접착력이 강한 테이프를 쓰도록 한다

호스 클립을 채우면 세차 도중에 빠질 걱정이 없어서 안심이다

연료 탱크에서 뽑은 연료 호스에는 호스 내경에 맞는 볼트 등을 꽂아 두면 좋다

> ## 순서 3   바이크를 통째로 씻는다

수돗물의 수압으로 큼지막한 진흙의 더러움을 떨어내고 세제 세차 브러시를 사용하여 차체에 빠뜨린 곳이 없도록 남아 있는 진흙의 더러움을 세심하게 제거한다.

이 후에도 차체 전체를 점검하여 남아 있는 진흙이 없는지 확인한다

차체 전체를 솔질하여 더러움을 닦아내고 다시 수돗물로 세제 성분과 오염물을 흘려보낸다.

바이크 전체를 씻는다

테이핑 작업이 끝났으면 차체 내부에 묻어 있는 진흙을 씻어 내도록 하자. 먼저 호스에 연결한 수돗물의 수압을 이용해서 큼지막한 것들을 떨어낸다. 그리고 세차용 샴푸나 가정용 중성 세제를 물에 타서 비눗물을 만든다(P32 참조). 세차 브러시에 비눗물을 묻혀서 차체 전체를 솔질한다. 빠뜨린 곳이 없도록 세심하게 작업을 진행하자. 세차 브러시로는 닿지 않는 깊숙한 곳은 나일론 브러시나 낡은 칫솔, 또는 목장갑을 낀 손으로 닦아내자.

프레임 뒷면 등에 묻은 진흙은 눈에 잘 띄지 않으므로 주의하자

제대로 닦였는지를 확인할 때에는 여러 가지 각도에서 육안으로 확인할 것

순서 4 마무리로 주유를 한다

바이크를 보호하기 위해

바이크의 더러움이 완전히 제거된 것을 확인했다면 떼어낸 부품을 원래대로 붙이기 전에 바이크 전체에 묻은 물기를 걸레로 잘 훔쳐내고 방청윤활제를 뿌려 두자. 앞뒤 타이어와 브레이크 둘레를 제외한 바이크 전체에 방청윤활제를 충분히 뿌려두면 물세차로 흘러 내려간 유분을 보충할 수가 있다. 또 방청윤활제를 미리 뿌려두면 나중에 묻을 먼지 등을 닦아내기 편하다는 효과도 있다. 다음으로는 각부의 전기 커넥터를 모조리 빼서 각각의 단자부에 녹이 생기지 않도록 방청윤활제를 뿌린다. 마지막으로 클러치 와이어에 급유(P60~ 참조), 체인에 급유(P92~ 참조) 등 그리스가 필요한 부분에 그리스를 바르면 작업 끝이다.

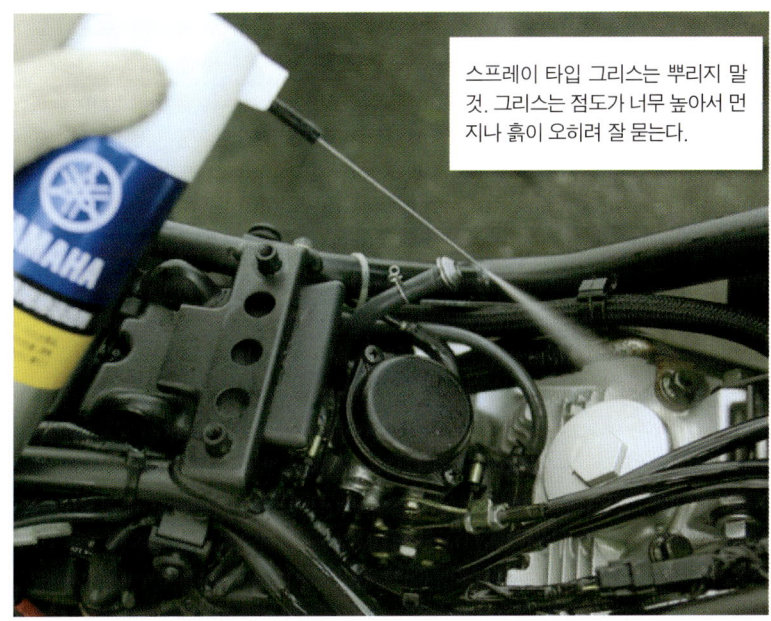

스프레이 타입 그리스는 뿌리지 말 것. 그리스는 점도가 너무 높아서 먼지나 흙이 오히려 잘 묻는다.

떼어낸 부품을 붙이기 전에 방청윤활제를 앞뒤 타이어와 브레이크 둘레를 제외한 바이크 전체에 뿌린다.

전장계통의 커넥터는 가능한 한 모두 빼서 방청윤활제를 뿌려 주자

이밖에도 클러치 와이어나 체인에 급유를 하면 세차 정비가 완벽해진다

커넥터나 단자부에는 방청 윤활제를 주유하고 배터리의 단자부에는 흘러나오지 않는 그리스를 도포한다.

타이어 관련 트러블 슈팅

비포장 길을 달리는 오프로드 바이크는 타이어에 관련된 트러블에 맞닥뜨리기 쉽다. 예상치 못한 사태에 대비해서 긴급시의 타이어 트러블 슈팅 지식을 알아 두도록 하자.

사이즈가 다른 튜브를 사용하기

구하기 쉬운 17인치 튜브

투어링 중에 펑크가 났는데 제 사이즈 튜브를 구하기 어려울 때에 사용하는 테크닉이다. 시티100 같은 비즈니스 바이크용 17인치 튜브는 전국 어디서나 쉽게 구할 수 있으므로 이것을 아쉬운 대로 활용하는 것이다.

위의 것이 17인치 튜브 아래가 19인치 튜브

17인치 튜브는 전국 어디서나 바이크 샵에서 쉽게 구할 수 있다

공기를 조금 넣어보면 크기가 확연히 다르다는 것을 알 수 있다

19인치 림에도 이처럼 17인치 튜브를 끼울 수 있다. 물론 어디까지나 응급용이므로 가급적 빨리 19인치 튜브로 교환하자

타이어 교환에 편리한 특수 공구

타이어 수리할 때에 좋은 공구

패치를 붙여서 수리가 끝난 튜브를 타이어와 림 사이에 다시 넣을 때에 에어밸브(공기주입구)를 림 구멍에 끼워 넣은 일은 상당히 번거롭다. 그러나 이 에어밸브 유도 기구를 사용하면 한 번에 깔끔하게 작업이 끝난다. 펑처 수리 도구로 갖춰 두면 좋다.

수리 패치가 없을 경우에는?

튜브가 살짝 부풀 정도로만 공기를 넣고 펑처 부위를 테이프로 3~4번 감는다. 그리고 공기를 가득 넣어서 새지 않는지 확인한 다음에 타이어 속에 집어넣는다

림 구멍에 넣어서 에어밸브에 끼워 놓는다

테이프로 응급처리

펑처가 났는데 튜브에 붙일 패치가 없다면 대용품으로 테이프를 활용하자. 장시간 달리기에는 힘들지만 긴급 시의 트러블 상황에서 탈출할 정도는 된다.

뒷바퀴를 띄우는 법

뒷바퀴를 띄우기 전에 액슬 샤프트 너트를 헐겁게 풀어 놓을 것

나뭇가지나 돌을 사용해서 바퀴를 띄운다

여의치 않다면 옆으로 눕힌다

임도 등에서 뒷바퀴에 펑처가 났다면 바퀴를 떼어내기 위해서라도 뒷바퀴를 지면에서 띄워야 한다. 적절한 나뭇가지가 있다면 받침목으로 차체에 고여서 뒷바퀴를 띄운다. 만약 그런 것이 없다면 연료 콕을 OFF로 하고 과감하게 바이크를 옆으로 눕혀 버리는 방법도 있다.

눕히는 방향은 액슬 샤프트를 뺄 방향을 고려할 것

연료 콕을 잠그고 바이크를 옆으로 눕혀 버린다. 안전을 위해서 연료가 새지 않는지 확인할 것

만일의 사태에 대비한 트러블 해결법

시시각각으로 노면 상황이 급변하는 오프로드 주행에서는 전혀 예상치 못했던 트러블에 맞닥뜨릴 수 있다.
만일의 사태에서 침착하게 트러블을 극복할 수 있도록 적절한 대처법을 익혀둘 필요가 있다.

▶ 휘거나 부러진 레버 대처법

금이 간 것을 모른 채로 달리면 레버를 당기고 있는데 부러지는 최악의 사태도 있을 수 있다

브레이크나 클러치 레버가 휘었을 때에는 레버 홀더를 감싸고 있는 고무커버를 벗겨내고 레버에 금이 가 있지 않은지 확인한다

브레이크의 경우는 무리하지 말 것

만약에 넘어져서 브레이크나 클러치 레버가 부러진 경우에 가장 좋은 대처법은 미리 준비해 간 예비 레버로 교환하는 것이다. 그러나 예비품이 없을 경우에는 어떻게든 레버를 사용할 수 있는 상태로 만들어야 한다. 만약 동료가 가까운 철물점 등에 갈 수 있다면 금속제 호스 밴드를 몇 개 구입해 달라고 하자(임도 등 평소에 인적이 드문 장소에는 결코 단독으로 가지 말 것). 레버의 부러진 부분을 겹쳐놓고 호스 밴드로 조이면 우선은 레버 기능을 복구할 수 있다. 다만 주의해야 할 점은 클러치라면 호스 밴드가 빠져도 그다지 문제없지만, 브레이크는 잘못하면 중대한 사고로 이어질 수 있다는 것이다. 충분히 주의해야 한다.

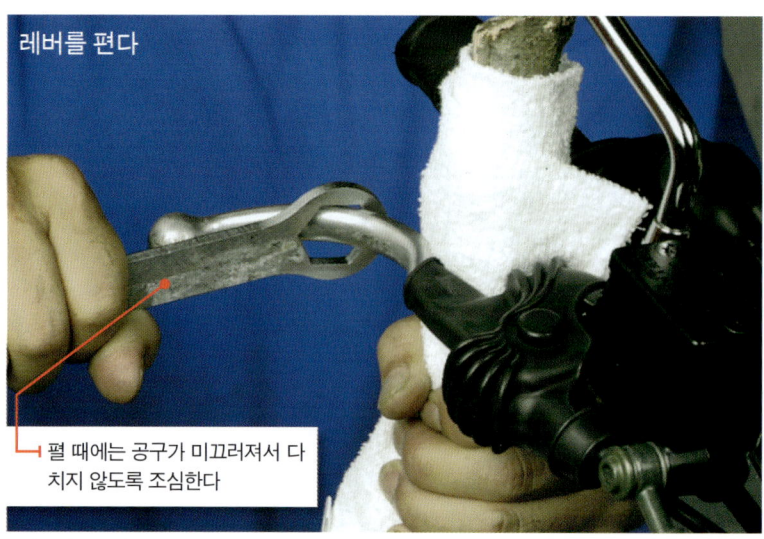

레버를 편다

펼 때에는 공구가 미끄러져서 다치지 않도록 조심한다

레버를 당기는 것조차 힘들 정도로 휘었을 때에는 걸레를 감은 나뭇가지 등을 받침목 삼아 레버를 펴보도록 한다. 레버가 단조 알루미늄으로 만들어진 것이라면 효과적인 방법이다

주조 알루미늄 레버는 펴다가 부러지는 경우가 많다. 금이 가 있다면 차라리 부러뜨리는 편이 낫다

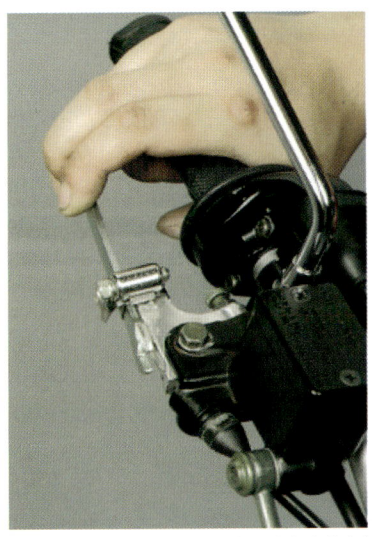

응급 처치 후에는 속도를 최대한 줄여서 달리면서 브레이크를 강하게 거는 일이 없도록 한다

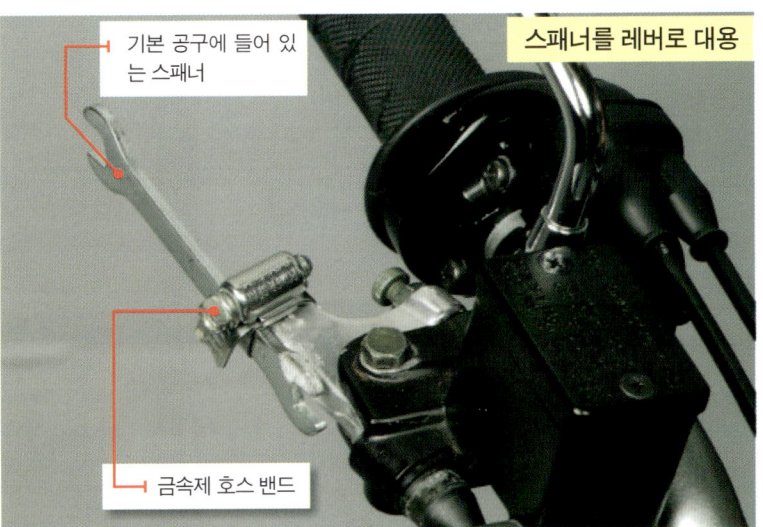

스패너를 레버로 대용

- 기본 공구에 들어 있는 스패너
- 금속제 호스 밴드

금속제 호스 밴드를 사용해서 스패너를 레버 대신으로 활용하는 방법

스패너 활용하는 법과 주의점

① 공구 중에서 적당한 사이즈의 스패너를 골라서 부러진 레버에 댄다
② 호스 밴드를 끼우고 나사를 조인다
③ 레버를 당겨서 스패너의 고정 상태가 확실한지 점검한 후에 주행한다

호스 밴드를 두 개 사용해서 고정하면 더욱 좋다

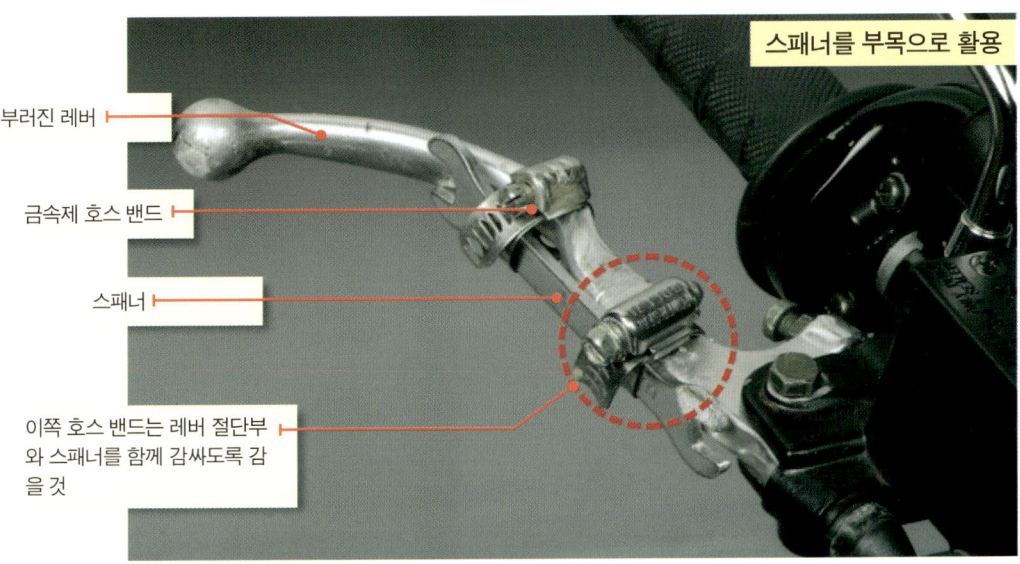

스패너를 부목으로 활용

- 부러진 레버
- 금속제 호스 밴드
- 스패너
- 이쪽 호스 밴드는 레버 절단부와 스패너를 함께 감싸도록 감을 것

스패너를 부목처럼 대고 금속제 호스 밴드 두 개로 레버를 고정하는 방법도 있다. 레버가 풀리거나 벗겨지지 않는지 확인하자

스텝이 휘었을 때의 대처법

심하지 않다면 그대로 둔다

오프로드를 달리다가 심하게 넘어지면 바이크의 스텝이 휠 경우가 있다. 넘어졌을 때에는 뒤에서 오는 차량이 없는지 주위 안전을 확인하고 바이크를 안전한 곳에 이동시키자. 바이크의 손상 상태를 확인해서 스텝이 휘어있다면 우선 바이크에 올라타서 스텝에 발을 올려 본다. 상태가 심하지 않다면 안전에 충분히 조심하면서 신중하게 수리할 수 있는 곳까지 달리자. 도저히 바이크를 운전할 수 없는 정도라면 스텝을 펴보도록 하자.

넘어져서 뒤로 휘어버린 브레이크(오른쪽) 스텝. 바이크에 올라타고 스텝에 발을 올려봐서 이 상태로도 어떻게든 조작이 가능하다면 이대로 두는 편이 무난하다

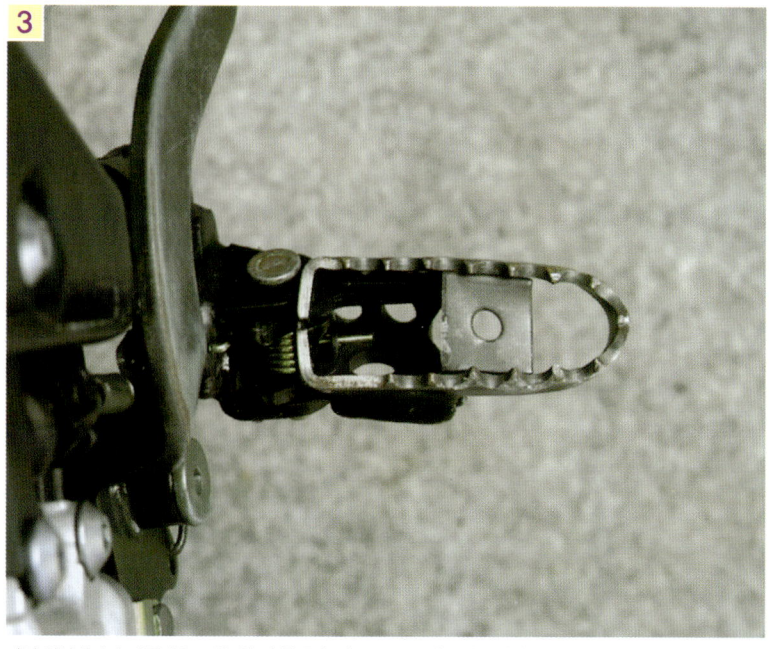

스텝을 세게 때리면 스텝이 달려 있는 프레임 쪽이 상할 수도 있다. 완벽하게 고치려고 하지 말고 허용 범위까지 되돌린다는 감각으로 작업하자

돌 등으로 스텝을 두드려 펼 때에는 몸이 다치지 않도록 충분히 주의하자

거의 원상태까지 되돌아온 스텝. 한 번 휜 금속 파트는 굽은 장소가 약해져 있기 때문에 가능한 한 빨리 신품으로 교환하도록 하자

프런트 포크 트러블 대처법

허용 범위까지만 되돌린다는 감각으로

심하게 넘어지거나 바위나 나무 등 장애물에 부딪혔을 때에 프런트 포크가 뒤틀리거나 휠 수가 있다. 그럴 때에는 우선 포크가 제대로 작동하는지 정지 상태에서 확인해 볼 것(P85 참조). 다음에는 낮은 속도로 주행해 봐서 똑바로 달리는지 좌우 코너링에 위화감이 없는지 점검해 본다. 주행이 힘들 정도라면 뒤틀린 포크를 수정하도록 하자. 완벽하게 수리하기보다는 허용 범위까지만 되돌린다는 감각으로 충분하다.

포크가 어느 정도 휘었는지 뒤틀렸는지 육안으로 확인한다

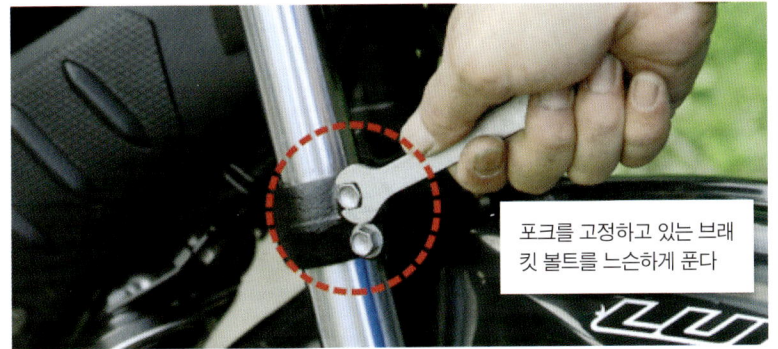

포크를 고정하고 있는 브래킷 볼트를 느슨하게 푼다

너무 강한 힘으로 휠을 누르면 림이 휠 수도 있으므로 적당히 힘 조절한다

125cc 이하의 오프로드 바이크에 채용되어 있는 이너튜브 32mm 구경 이하의 포크라면, 핸들을 두 손으로 고정한 채로 휠을 발로 밀어서 뒤틀림을 교정할 수도 있다

큰 바위나 나무 등에 휠을 대고 핸들을 꺾어서 포크 뒤틀림을 수정하는 방법도 있다. 이 경우에도 너무 강한 힘은 금물이다

레버 파손 예방법

볼트를 적절히 느슨하게

넘어졌을 때에 브레이크나 클러치 레버 손상을 막기 위해서는 레버 홀더를 고정하고 있는 볼트를 적절히 느슨하게 조여 두는 방법이 있다. 볼트를 완전히 풀었다가 1/4 정도로 조인 다음에 레버를 아래위로 움직여 보자. 너무 쉽게 움직여도 안 되고, 힘주어 밀었을 때에 레버 홀더가 약간 돌아가는 정도가 알맞다. 미묘한 힘 조절이 필요하므로 몇 번이고 확인하면서 조정하자.

레버 홀더의 볼트

레버 홀더 볼트는 진동으로 느슨해지기 쉬우므로 정기적으로 알맞게 조여 주자

연료가 떨어졌을 때의 대처법

인화물질인 가솔린은 신중하게 다룰 것

연료 탱크의 가솔린을 예비분까지 모두 다 써버렸을 때에는 동료 바이크의 연료 탱크에서 가솔린을 나누어 받도록 한다. 가솔린을 옮기는 방법은 빈 통이나 그릇에 담아 옮기는 법과, 연료 탱크를 떼어내서 직접 주입하는 방법이 있다. 어느 쪽이든 넘치거나 흘러내린 가솔린에는 충분히 주의해야 한다. 주행 직후에는 엔진이나 머플러가 매우 뜨거운 상태라 위험하므로 엔진이 충분히 식은 것을 확인한 다음에 작업을 시작하도록 한다.

연료를 일반 용기에 옮겨 담을 때에는 커피 캔 등 금속제 용기가 바람직하다

연료 탱크에서 직접 옮길 때에는 주변에 흐른 가솔린에 조심하자

기본공구는 어디에 있나?

수납 위치를 확인해 두자

투어링 나가서 트러블이 발생하면 가장 아쉬운 것이 공구인데, 이것들을 어떻게 꺼내는지를 미리 파악해 두도록 한다. 당연한 일이지만, 어떤 바이크라도 공구를 사용하지 않고도 공구를 꺼낼 수 있도록 되어 있다. 자기 바이크의 기본 공구가 어디에 수납되어 있고 어떻게 꺼내는지를 평소에 숙지해 놓자. 기본 공구에 부족함을 느낀다면 품질이 좋은 것으로 교환해 두거나 새로 추가해 두는 것이 바람직하다.

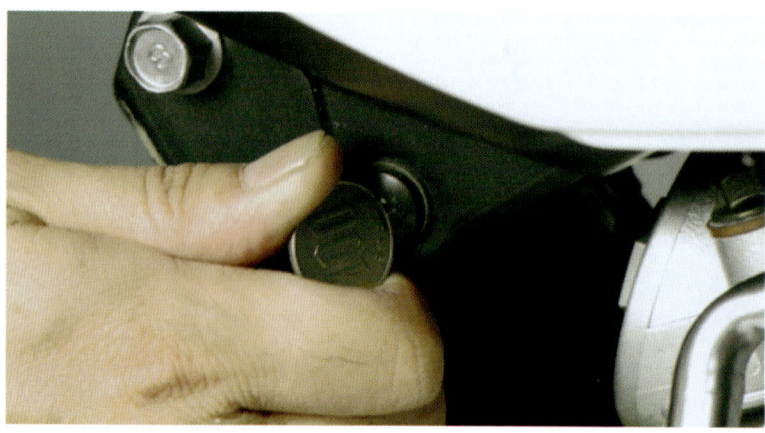

동전으로 나사를 돌려 공구박스 뚜껑을 여는 타입. 동전으로 열 수 있을 정도로 적당히 조여 둔다

전기 계통 정비

**트러블 원인을 파악하기 쉬운 부분,
일찌감치 조치를 취하자**

배터리, 퓨즈
라이트, 스위치류

배터리, 퓨즈 정비

배터리 정비

현재 판매되고 있는 거의 모든 바이크는 MF(메인터넌스 프리, 무보수) 배터리를 채용하고 있다. 그러나 이름처럼 전혀 정비할 필요가 없을 수는 없고, 트러블을 피하기 위해서는 정기적인 점검이 필요하다.

배터리 점검 기준	5,000km마다 또는 6개월마다

Check Point

❶ 배터리를 떼어낸다
❷ 터미널을 청소한다
❸ 개방식 배터리를 점검한다
❹ MF 배터리를 충전한다

1 Check Point 배터리를 떼어낸다

마이너스 단자부터 뗀다

배터리가 실려 있는 위치는 바이크마다 다르지만 대체적으로 시트 아래나 사이드 커버 안쪽에 있는 경우가 많다. 필요에 따라 시트나 사이드 커버를 벗겨 내자. 대부분의 경우 배터리는 고무 밴드로 고정되어 있는데, 이 고무 밴드가 삭아 있거나 금이 가 있지 않은지 확인하자. 배터리 단자를 뗄 때에는 반드시 마이너스 단자부터 뗄 것. 마이너스 단자가 연결된 상태로 플러스 단자를 먼저 떼면 플러스 터미널이 차체 프레임 등에 닿았을 때에 쇼트를 일으킬 위험이 있기 때문이다.

배터리는 시트 아래나 사이드 커버 안쪽에 있는 경우가 많다

뗄 때에는 반드시 마이너스 단자부터

마이너스는 차체에 어스되어 있기 때문에 금속에 닿아도 쇼트를 일으키지 않는다

마이너스 단자를 뗀 다음에 플러스 단자를 뗀다. 장착할 때에는 플러스를 먼저 장착한다

2 Check Point 터미널을 청소한다

녹이나 기름때를 점검

단자를 떼어냈으면 터미널의 때나 녹을 점검한다. 녹이 있다면 와이어 브러시 등으로 녹을 떨어내서 전기가 잘 흐르도록 한다. 닦아낸 터미널은 부식을 막기 위해 그리스를 발라 둔다. 접점이나 장착 볼트에도 그리스를 발라두면 좋다.

터미널의 녹은 와이어 브러시로 제거한다

터미널을 청소한 후에는 그리스를 발라서 부식을 방지한다

COLUMN

MF 배터리란?

MF(메인터넌스 프리) 배터리란 겔 형태의 전해액을 용기 안에 봉입한 구조로 되어 있어서 개방형 배터리와는 달리 액량을 점검, 보충할 필요가 없는 이점이 있다. 바이크에 탑재할 때에 기울기나 방향 등에 구애받지 않아서 자유도가 높고, 소형으로 제작할 수 있다는 점도 바이크에 적합한 방식이다. 그러나 배터리 전압이 떨어지면 제대로 기능을 못하는 점에는 변함이 없다. 엔진 시동용 모터가 잘 돌지 않을 때에는 전압이 규정치인 12V를 밑돌고 있을 가능성이 높다. 일반적으로 배터리는 2~3년이 수명이라고 하며, 길어야 5년, 짧으면 1년인 예도 있다. 수명을 늘리기 위해서는 정기적으로 바이크를 운행해서 언제나 전압을 12V 이상으로 유지해야 한다. 아울러 한 번이라도 방전된 배터리는 충전을 하더라도 완충이 안 되는 경우가 많다. 방전시켜 버렸다면 신품으로 교환하는 편이 낫다. 배터리 내부에는 위험한 전해액이 들어 있으므로 낡은 배터리를 처분할 때에는 일반 쓰레기로 버리지 말 것. 신품 배터리를 구입한 곳에 처분을 의뢰하자

터미널을 볼트로 연결하는 MF 배터리

터미널을 커넥터로 연결하는 MF 배터리

배터리, 퓨즈 정비

3 Check Point 개방식 배터리를 점검한다

전해액(배터리액)의 양을 점검

고전적인 개방식 배터리는 내부가 6개의 셀로 이루어져 있으며(12V의 경우), 그 각각의 셀 안에 전해액(배터리액)이 들어있다. 각 셀마다 전해액이 충분히 들어있는지를 상한/하한선으로 확인하고, 만약 부족하다면 셀의 플러그를 열어서 전용 보충액을 주입하도록 한다.

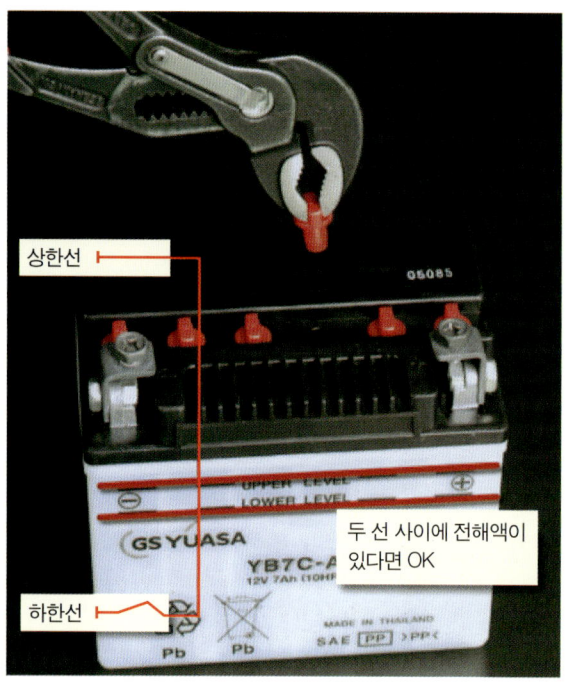

상한선

두 선 사이에 전해액이 있다면 OK

하한선

6개의 셀에 전해액이 충분히 들어있는지 상한/하한선으로 확인한다

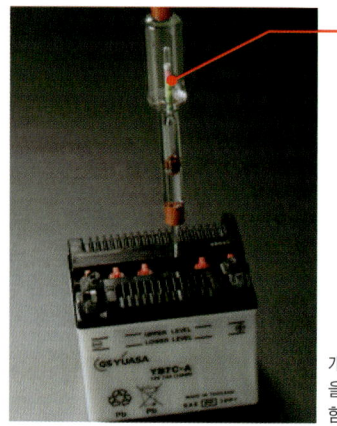

비중계 기준으로는 비중이 1.25~1.28 범위 안에 있으면 양호하다. 1.22 이하라면 교환하는 편이 좋다

개방식 배터리의 상태가 약해진 것을 느꼈다면 비중계로 비중을 측정함으로써 상태를 확인할 수 있다

4 Check Point MF 배터리를 충전한다

전용 충전기로 충전

MF 배터리는 과방전에 취약해서 한 번 방전시켜 버린 후에는 다시 충전하더라도 규정 용량까지 회복하지 못하는 경우가 대부분이다. 매일 타지 않는 바이크의 경우는 2주일에 한 번 정도의 주기로 전압을 측정하고, 전압이 12V 아래로 떨어졌다면 충전하도록 하자. 주의해야 할 점은 충전할 때에 MF 배터리는 전용 충전기를 사용해야 한다는 것. 범용 충전기로는 최악의 경우 배터리가 폭발할 위험이 있다. 충전기를 구입할 때에는 MF 배터리에 맞는 타입인지를 반드시 확인하도록 하자.

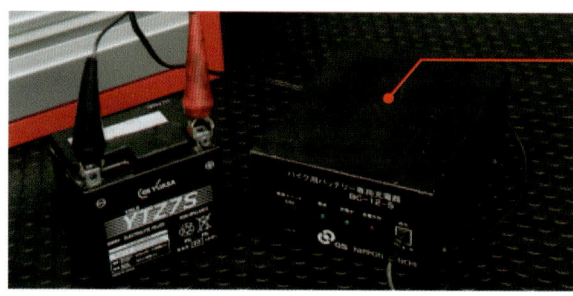

MF 전용 충전기

시동 모터의 회전이 시원찮은 등 전압 저하가 보이는 배터리는 충전기로 충전하도록 한다. MF 배터리는 이처럼 전용 충전기를 사용할 것

원 포인트

배터리액은 강력한 산성이므로 개방식 배터리를 정비할 때에는 피부에 배터리액이 묻지 않도록 충분히 주의하도록 하자.

퓨즈 정비

퓨즈가 끊어졌다는 것은 전장계 어딘가에서 이상이 발생했다는 신호이다. 퓨즈를 교환해도 문제가 해결되지는 않는다. 퓨즈 교환은 어디까지나 응급처치일 뿐이며, 조속히 전문점에 점검을 의뢰하자.

퓨즈 점검 기준	퓨즈가 끊어졌을 때
Check Point	
❶ 퓨즈 점검	

1 Check Point 퓨즈 점검

같은 암페어의 퓨즈로 교환

퓨즈 박스는 거의가 시트 아래나 사이드 커버 안쪽에 마련되어 있다. 박스 안의 퓨즈를 뽑아서 어느 퓨즈가 끊어졌는지 우선 확인하자. 끊어진 퓨즈가 판명되었다면 퓨즈 박스에 준비된 예비 퓨즈 중에서 같은 암페어 숫자가 쓰인 것으로 교환한다. 또한, 같은 블레이드 타입 퓨즈라 하더라도 사이즈에는 종류가 있으므로 자신의 바이크에 사용되고 있는 퓨즈가 어떤 타입인지 알아 두도록 하자. 예비 퓨즈로 교환한 후에는 만약의 사태에 대비해서 일찌감치 예비 퓨즈를 보충해 두도록 하자.

퓨즈 박스는 시트 아래나 사이드 커버 안쪽에 마련되어 있는 경우가 대부분이다. 자신의 바이크는 어떤지 반드시 확인해 두자

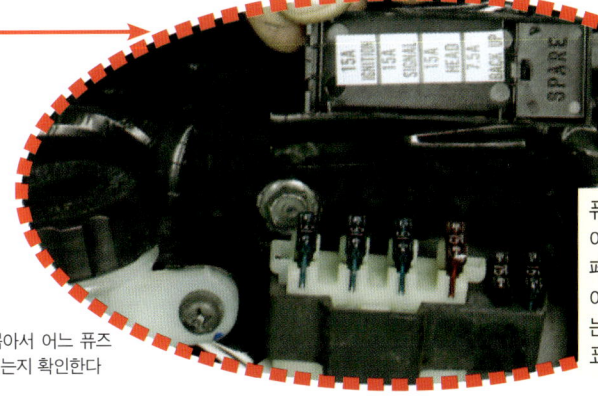

퓨즈를 뽑아서 어느 퓨즈가 끊어졌는지 확인한다

퓨즈에는 각각의 암페어 수가 있다. 같은 암페어의 퓨즈로 교환하여야 한다. 암페어 수는 박스 등에 라벨로 표시되어 있다.

퓨즈에는 여러 가지 사이즈가 있다. 자신의 바이크에 맞는 것을 미리 확인해 두자

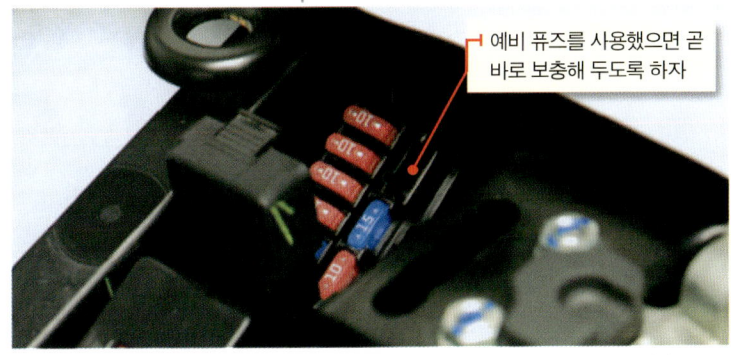

예비 퓨즈를 사용했으면 곧바로 보충해 두도록 하자

예비 퓨즈로 교환한 후에는 만약의 사태에 대비해서 일찌감치 예비 퓨즈를 보충해 두도록 하자

라이트, 스위치류 정비

전조등 정비

전조등의 벌브가 끊어지면 신품으로 교환해야 한다. 벌브를 교환했으면 광축을 조절할 필요가 있다.

전조등 점검 기준	헤드라이트 벌브가 끊어졌을 때

Check Point

❶ 라이닝 마모를 점검한다
❷ 벌브를 교환한다

1 Check Point 헤드라이트 벌브를 뺀다

좌우 스크루를 푼다

전조등에는 다양한 형상이 있지만 여기서는 가장 일반적인 원형 타입을 예로 들어 소개한다. 원형 헤드라이트의 경우, 헤드라이트 렌즈를 고정하고 있는 림을 벗기기 위해서는 좌우에서 조이고 있는 스크루를 풀고 림을 앞으로 당기면 된다. 헤드라이트 렌즈부가 떨어져 나왔으면 그 안의 커넥터를 분리한다(사진2, 3). 커넥터로의 먼지 침입을 막기 위해 덮어 놓은 더스트 커버도 벗긴다(사진4). 벌브를 고정하고 있는 고정쇠를 시계 반대방향으로 풀어서(사진5) 헤드라이트 벌브를 뺀다.

좌우에 있는 고정 스크루를 드라이버로 푼다

2 림을 잡고 앞으로 빼면 림과 함께 헤드라이트 렌즈가 통째로 빠진다. 헤드라이트 렌즈부에는 커넥터가 연결되어 있다

헤드라이트 렌즈부를 손으로 지탱하지 않으면 커넥터의 전선에 부담을 주므로 주의할 것

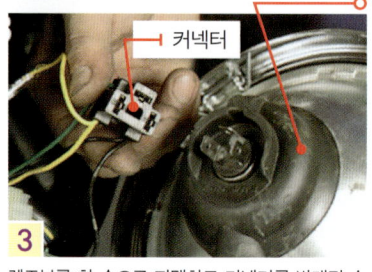

3 렌즈부를 한 손으로 지탱하고 커넥터를 반대편 손으로 뺀다

4 물이나 먼지의 침입을 방지하기 위해 덮어 놓은 고무제 더스트 커버를 벗긴다

제3장 전기 계통 정비

5 헤드라이트 벌브를 고정하고 있는 고정쇠를 시계 반대방향으로 돌려서 푼다

고정쇠 표면에는 푸는 방향이 표기되어 있다

6 헤드라이트 벌브
고정쇠를 푼다
고정쇠

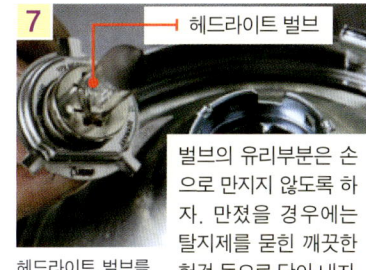

7 헤드라이트 벌브
헤드라이트 벌브를 조심해서 뽑는다

벌브의 유리부분은 손으로 만지지 않도록 하자. 만졌을 경우에는 탈지제를 묻힌 깨끗한 헝겊 등으로 닦아 내자

2 Check Point 벌브를 교환한다

끼우는 것은 뺄 때의 역순으로

　벌브를 바꿔 끼웠으면 고정쇠, 더스트 커버, 커넥터 등을 차례로 장착해 간다. 커넥터나 전선들이 헤드라이트 케이스 안에 제대로 들어가도록 주의하자. 특히 헤드라이트 케이스와 헤드라이트 림이 정확하게 맞도록 끼우자. 마지막으로, 처음에 풀었었던 스크루 2개를 조이면 헤드라이트 벌브 교환 작업은 완료된다.

고정쇠, 더스트 커버, 커넥터 등을 분해 때의 역순으로 장착해 간다

헤드라이트 케이스와 헤드라이트 림의 걸쇠를 맞춘다

특히 헤드라이트 케이스와 헤드라이트 림이 정확하게 맞도록 주의하자

COLUMN

광축 조정은 전문가에게

　헤드라이트 광축 조정은 드라이버 하나만 있으면 쉽게 할 수 있는 작업이다. 그러나 법규에 맞도록 정확하게 광축을 맞추려면 아무래도 정비 공장에 갖춰져 있는 광축 조정 장비가 필요하다. 따라서 광축 조정은 전문가에게 의뢰하는 편이 무난하다. 광축이 어긋나 있으면 반대 차선의 차에게 피해가 가고 위험하다. 광축이 맞지 않는다고 느꼈다면 즉시 점검하도록 하자.

라이트, 스위치류 정비

방향지시등 정비

방향지시등의 전구 교환은 비교적 난이도가 낮은 작업이다. 전구가 끊어져서 방향지시등이 작동하지 않으면 당사자는 물론 주위에게도 피해를 끼친다. 끊어진 전구는 즉시 교환하도록 하자.

| 방향지시등 점검 기준 | 방향지시등 벌브가 끊어졌을 때 |

Check Point
❶ 방향지시등 벌브를 교환한다
❷ 방향지시등 작동을 확인한다

1 Check Point 방향지시등 벌브를 교환한다

같은 와트 수의 벌브로 교환

깜박이 렌즈를 고정하고 있는 스크루를 드라이버로 푼다. 이러면 깜박이 렌즈를 본체로부터 떼어낼 수 있다. 벌브를 빼낼 때에는 벌브를 살짝 누른 상태로 시계 반대 방향으로 돌리면 된다. 벌브를 교환할 때에는 반드시 원래 장착되어 있던 벌브와 똑같은 와트 수의 벌브를 장착할 것. 와트 수가 다르면 깜박이의 점멸 주기가 맞지 않아서 오작동할 수가 있다.

1 깜박이 렌즈를 고정하고 있는 스크루를 드라이버로 푼다

깜박이 벌브를 교환할 때에 가장 조심해야 할 것은 스크루를 조일 때이다. 플라스틱제 렌즈에 스태핑 스크루를 돌려 박아 놓은 것뿐이라서 너무 강하게 조이면 렌즈에 금이 가거나 깨질 수 있다

2 깜박이 렌즈를 떼어낸다

깜박이 벌브

3 벌브를 가볍게 누르면서 돌린다

벌브를 가볍게 누른 상태로 시계 반대 방향으로 돌리면 벌브가 빠진다

제 3 장 전기 계통 정비

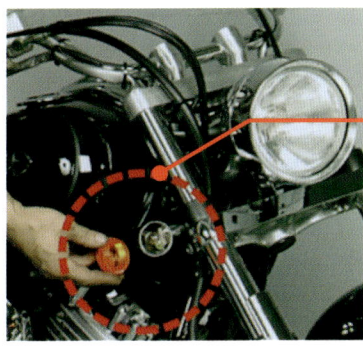

바이크 기종에 따라서는 공구를 사용하지 않더라도 렌즈를 뺄 수 있는 것도 있다

이 같은 방식을 스냅언 타입이라고 한다. 렌즈를 잡고 좌우로 비틀면서 당기면 렌즈가 빠진다. 끼울 때에도 마찬가지 요령으로 간단하게 장착이 된다

2 Check Point 방향지시등 작동을 확인한다

점멸 주기도 확인한다

벌브를 교환했으면 정상적으로 점멸하는지 점검한다. 교환했음에도 불구하고 작동하지 않거나, 점멸 주기가 비정상이라면 깜박이 점멸을 제어하는 깜박이 릴레이를 의심해 보자. 다만 이런 릴레이 장치는 수리가 불가능한 경우가 대부분이라서 교환하는 수밖에 없다. 전문점에 점검을 의뢰하자.

정상적으로 점멸하는지 점검한다. 비정상이라면 깜박이 릴레이가 고장 났을 수 있다

라이트, 스위치류 정비

후미등, 정지등 정비

후미등, 정지등의 전구 교환 작업은 방향지시등과 마찬가지로 비교적 난이도가 낮다. 안전을 위해서라도 끊어진 전구는 즉시 교환하도록 하자.

후미등, 정지등 점검 기준	후미등, 정지등 벌브가 끊어졌을 때

Check Point

❶ 후미등, 정지등 벌브를 교환한다

1 Check Point 후미등, 정지등 벌브를 교환한다

교환한 후에는 반드시 작동 여부를 확인

후미등, 정지등 벌브가 끊어지면 후속차에게 자기 바이크의 존재를 알리기 어려워지고, 브레이크를 걸어도 후속차가 알아차리지 못하므로 매우 위험하다. 벌브를 교환하는 작업은 드라이버로 고정 스크루를 풀어 라이트 렌즈를 벗겨내고, 벌브를 가볍게 누른 상태로 돌려 빼고 새 것으로 갈아 끼우면 된다. 벌브 교환을 마쳤으면 브레이크 레버나 페달을 조작해서 정지등이 틀림없이 켜지는지 확인한다. 후미등도 켜지는지 확인하자. 후미등과 정지등 2개의 필라멘트가 동시에 끊어지는 일이란 드물지만, 어느 한쪽이라도 끊어졌다면 즉시 새것으로 교환한다. 이때에는 반드시 원래 와트 수와 같은 것을 사용할 것.

라이트 렌즈 고정 스크루를 드라이버로 푼다

라이트 렌즈를 벗겨낸다

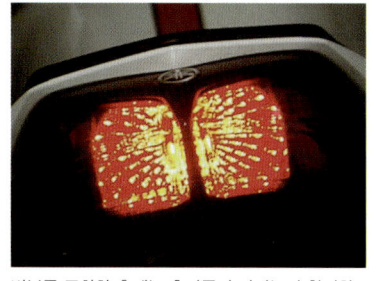

벌브를 교환한 후에는 후미등이 켜지는지 확인한다. 또, 브레이크 레버나 페달을 조작해서 정지등의 작동 상태도 점검한다

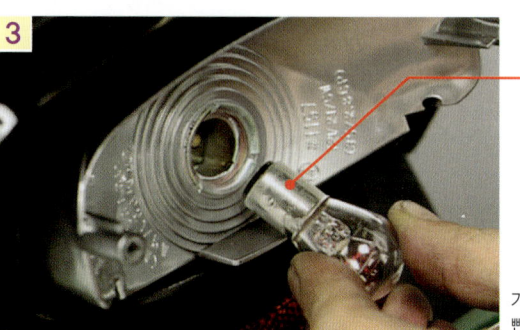

후미등, 정지등 벌브

가볍게 누른 상태로 돌려서 벌브를 뺀다

제 3 장   전기 계통 정비

바이크 기종에 따라서는 이처럼 라이트 케이스 뒤쪽에서 벌브 교환 작업을 하는 것도 있다

이 경우에는 소켓을 비틀어 뽑은 다음에 벌브를 교환한다

더블 필라멘트 (후미등, 정지등)
싱글 필라멘트 (깜박이등)
후미등, 정지등에는 필라멘트가 2개 있는 벌브를 사용한다

라이트, 스위치류 정비

경음기 점검

경음기가 작동하지 않으면 만약의 사태에서 매우 위험하다. 이상을 발견했다면 전문점에 점검을 의뢰하든가 새것으로 교환해야 한다.

경음기 점검 기준	경음기가 울리지 않을 때
Check Point	
❶ 경음기 작동을 확인한다	

1 Check Point   경음기 작동을 확인한다

이상이 있다면 전문점에서 점검

경음기 스위치를 눌러서 올바르게 소리가 나는지 확인한다. 울리지 않는다면 전선의 접촉 불량이 없는지, 접점에 녹이 발생해 있지 않은지 점검한다. 경음기의 종류에 따라서는 조절용 어저스터로 소리의 크기 등을 조절할 수 있는 타입도 있다. 그러나 소리가 너무 작다거나 할 경우에는 즉시 전문점에 점검을 의뢰하는 편이 무난하다.

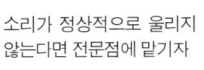
경음기

소리가 정상적으로 울리지 않는다면 전문점에 맡기자

123

달리기 전에 이것만은 알아 두자
반드시 알고 있어야 할 바이크의 기본 사항

바이크를 올바르게 정비하기 위해서는 바이크에 관한
기본적인 지식을 반드시 갖추고 있는 편이 바람직하다.

Part 1   바이크 구성품의 이름을 외우자!

- 테일 카울
- 테일 램프(후미등)
- 방향지시등
- 리어 서스펜션 (리어 쇽 업소버)
- 탠덤 스텝
- 머플러(사일렌서)
- 스윙 암
- 리어 타이어
- 리어 브레이크 캘리퍼
- 드라이브 체인
- 실린더 헤드
- 연료탱크
- 카뷰레터
- 시트
- 사이드 커버
- 스텝
- 리어 브레이크 페달

124

Part 2 주행 전에 확인해야 할 10가지 항목

바이크에 트러블이 발생하는 원인 중의 하나는 달리기 전에 기본적인 점검을 게을리 했기 때문인 경우가 많다. 주행 전 점검을 귀찮아하지 말고 최소한 1주일에 1회 정도는 실시하도록 하자.

1 Check Point
타이어 점검
P97~ 참조

공기압을 수시로 점검하는 습관이 바람직하다. 타이어에 이물이 박혀 있지 않은지, 타이어 홈이 충분히 남아있는지도 점검하자.

에어게이지를 사용해서 공기압을 점검하고, 부족하다면 규정치로 채우자

2 Check Point
엔진 점검
P39~ 참조

엔진에서 이상한 소리는 나지 않는지, 오일이 새지는 않는지 등을 점검한다. 수랭 엔진이라면 엔진이 식어있을 때에 라디에이터 냉각수 양을 보조 탱크를 통해 확인한다.

3 Check Point
클러치 점검
P60~ 참조

와이어식이라면 레버 유격이 적절한지 점검한다. 유압식이라면 보조 탱크의 잔량과 오염 상태를 확인한다.

어저스터를 돌려서 클러치 와이어 유격을 맞춘다

4. Check Point
라이트 점검
P120~ 참조

방향지시등, 정비등, 후미등이 정상적으로 작동하는지 확인한다. 안전을 위해 중요한 부분이므로 달리기 전에 반드시 점검하는 습관을 들이자.

점멸하는지 확인

제대로 켜지는지 확인

5. Check Point
브레이크 점검
P87~ 참조

레버를 당기거나 페달을 밟아 봐서 유격을 확인한다. 유압 브레이크라면 보조 탱크 점검창을 통해 액의 양이나 오염 상태 등을 점검한다. 브레이크 호스나 접속부에서 액이 새지 않는지 점검한다.

6. Check Point
헤드라이트 점검
P118~ 참조

로빔(하향등)/하이빔(상향등)을 바꿔 보면서 광량이 충분한지, 광축이 맞았는지 확인한다. 헤드라이트 렌즈가 더러운 경우에는 깨끗이 닦는다.

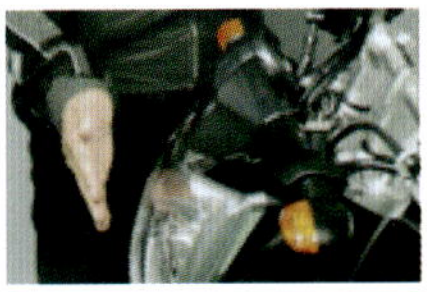

7. Check Point
체인 점검
P92~ 참조

유격이 적정한지 확인한다. 체인과 스프로킷의 마모 상태를 점검한다. 유분이 메마르지 않도록 체인 그리스를 뿌린다.

8. Check Point
배터리 점검
P114~ 참조

시동 모터가 도는 상태를 확인한다. 약하게 돌거나 전압이 떨어진 상태라면 적절한 방법으로 충전한다.

9. Check Point
오일 점검
P40~ 참조

점검창, 또는 게이지로 엔진 오일 잔량을 확인한다. 비정상적으로 오염되어 있지 않는지 점검한다

10. Check Point
연료 잔량 확인
P134~ 참조

주행 중에 연료가 떨어지지 않도록 연료계나 육안으로 잔량을 확인한다. 연료 콕이 ON 위치에 있는지 점검한다.

Part 3 라이딩 포지션을 조정하자!

바이크를 안전하게 즐겁게 조종하기 위해서는 자신에게 맞는 라이딩 자세를 취할 수 있도록 조정해야 한다. 조정을 할 수 있는 부분은 바이크마다 조금씩 다르지만 조정할 수 있는 것은 최대한 활용하도록 하자.

1 Check Point 올바른 라이딩 자세란?

- 턱을 가볍게 당기고, 시선은 먼 앞을 바라보도록
- 등은 자연스럽게 구부려서 장시간에도 피곤하지 않도록
- 스로틀을 고쳐 쥐지 않더라도 개폐 조작이 가능하도록 손목의 각도에 주의한다
- 무릎과 뒤꿈치로 바이크를 가볍게 조인다

2 Check Point 잘못된 라이딩 자세

턱을 너무 들거나 너무 숙이면 충분한 시야를 확보하기 힘들다. 또 등을 너무 뻣뻣하게 세우거나 너무 구부려도 두 팔의 각도가 부자연스러워진다. 하반신으로 바이크를 조이지 않으면 자세가 불안정해서 위험하다.

- 등이 너무 꼿꼿하면 두 팔이 일자로 뻗어 버린다
- 내용 턱을 너무 들었다
- 무릎이나 뒤꿈치로 바이크를 조이고 있지 않다

3 Check Point 올바른 자세를 취하려면?

1. 바이크에 올라타고 두 무릎으로 바이크를 조인다. 상체를 숙인 채 두 팔을 내린다. 이러면 상체를 지탱하기 위해 복근과 배근이 상당히 필요하다는 것을 깨닫게 된다

2. 상체를 서서히 일으켜 세운다. 숙였을 때보다도 복근이나 배근에 걸리는 부담이 적어진다는 것을 알 수 있다

3. 편해질 때까지 상체를 세운 위치에서 핸들에 두 손을 뻗어 본다. 팔의 각도가 자연스럽게 나올 것이다

4 Check Point 스텝에 발을 올리는 법

발바닥의 앞부분을 스텝에 올리면 스텝으로 하중을 걸기가 편하고 노면에서 전달되는 충격을 흡수하기도 좋다

브레이크 페달을 밟을 때, 또는 쉬프트 페달을 조작할 때에는 발을 앞쪽으로 이동시켰다가, 조작이 끝나면 원 위치로 되돌린다

발허리(발바닥의 오목한 부분)를 스텝에 올린 자세는 좋지 않다. 하반신에 힘을 주기가 어렵고, 코너링에 필요한 스텝 하중이 제대로 이루어지지 않는다

5 Check Point · 그립 쥐는 법

그립을 쥐는 위치는 안쪽이 아니라 바깥쪽(그립 엔드)을 쥐도록 한다. 핸들 바깥쪽을 쥐는 편이 보다 적은 힘으로 핸들 조작이 가능하다.

- 스로틀 조작이 자연스럽게 이루어지는 손목 각도를 의식하자
- 그립은 너무 세게 쥐지 말고 가볍게 손가락을 말도록 하자
- 안쪽을 쥐면 핸들 조작에 필요 이상의 힘을 주게 된다. 또, 손목을 너무 구부리면 스로틀 조작이 힘들고, 핸들 조작도 어려워진다

6 Check Point · 뒤꿈치로 바이크를 조인다

스텝에 발을 올려놓고 뒤꿈치를 가볍게 안쪽으로 비트는 감각으로 바이크를 좌우에서 조인다. 이렇게 하면 자연스럽게 하반신에 힘이 들어가서 바이크와의 밀착감이 올라간다.

- 발꿈치로 조이지 않으면 허벅지나 무릎이 바이크와 밀착하기 어렵고, 주행 시에 바이크가 휘청거리게 된다. 또 발끝을 바깥쪽으로 너무 벌리면 지면에 닿아서 예상치 못할 부상을 입을 수 있으므로 주의하자

7 Check Point · 레버 위치 조정

- 고정 볼트를 푼다

레버 홀더 고정 볼트를 느슨하게 풀고 레버의 상하 각도를 조정한다. 다만 브레이크 마스터 실린더를 수평으로 유지해야 하므로 너무 극단적인 각도 조절은 금물이다.

- 핸들과 레버 홀더에 맞춤표시가 각인되어 있을 경우에는 이 위치에 맞춰 레저 홀더를 장착한다

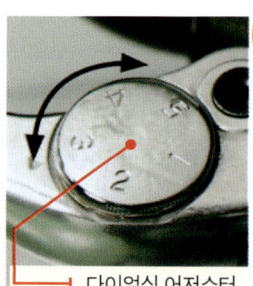

- 다이얼식 어저스터

다이얼식 어저스터라면 다이얼을 돌려서 레버 유격을 손쉽게 조절할 수 있다

- 힘껏 당긴 상태에서도 그립을 쥐는 손가락과의 사이에 충분한 공간이 남도록 한다
- 당겼을 때에 레버가 손가락에 닿으면 안 된다. 만약에 넘어졌을 때에 레버에 손가락이 끼어서 다칠 수가 있다

8 Check Point
오프로드 바이크의 라이딩 자세

기본은 온로드 바이크와 똑같지만 무릎부터 뒤꿈치까지를 사용해서 하반신이 바이크에 더욱 밀착하도록 한다.

핸들도 비교적 높은 위치에 있으므로 상체가 다소 일어서게 된다. 두 손으로는 핸들을 감싸듯이 그립을 쥐자.

상체는 다소 일어선 자세

핸들을 감싸듯이 그립을 쥔다

무릎과 뒤꿈치를 사용해서 바이크를 조인다

너무 뒤로 물러나 앉거나, 너무 앞으로 당겨 앉으면 두 팔의 각도가 부자연스러워지므로 주의하자

두 팔을 너무 오므리면 핸들이 떨렸을 때에 제대로 힘을 주기가 어려우므로 주의하자

9 Check Point — 핸들 높이 조정

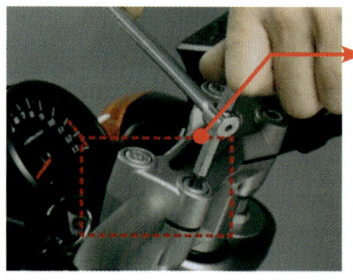

앞쪽 볼트(바이크 진행 방향)

뒤쪽 볼트(라이더 방향)

핸들 클램프 고정 볼트를 푼다. 커버가 덮여 있다면 일자 드라이버 등으로 조심스럽게 벗긴다

클램프 고정 볼트를 헐겁게 풀고, 핸들을 앞뒤로 기울여서 자신의 라이딩 자세에 맞는 위치에 오도록 조정한다

핸들 클램프의 뒤쪽 볼트(라이더 방향)에는 반드시 이런 틈새가 있다. 이 틈새를 이용해서 원형 단면의 핸들이 헛도는 일이 없도록 하고 있는 것이다. 핸들의 위치를 조정한 후에 볼트를 조일 때에는 반드시 앞쪽(진행 방향) 볼트를 먼저 조이고, 그 다음에 뒤쪽(라이더 방향)의 2개를 조인다

적절한 높이에 핸들이 오면 두 팔에는 여유가 생기고, 손목의 각도도 자연스러워진다

핸들 높이가 부적절하면 라이딩 자세가 부자연스럽고 조작하기도 불편하다

10 Check Point — 사이드 미러 조정

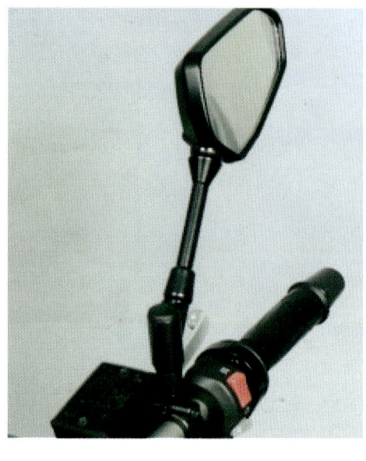

사이드 미러의 위치는 로크 너트를 오픈 렌치로 느슨하게 풀고, 적절한 시야가 확보되는지 확인하면서 조정하자

사이드 미러의 위치는 경면부가 핸들 그립 중심선보다 약간 앞서게 하면 좋다. 미러가 너무 뒤에 있으면 라이더의 팔이 너무 많이 나오게 되어 뒤의 시야를 가리게 된다

바이크의 트러블 & 고민거리 해결법

만약의 경우를 대비한 사고 대처법을 익히자

엔진 관련 트러블
차체 관련 트러블
전기 관련 트러블
펑처 수리

엔진 관련 트러블 해결법

시동이 걸리지 않는다

시동 단추를 눌렀는데도 시동이 걸리지 않는다면 그 원인은 여러 가지가 있다. 의심이 가는 사항을 하나씩 확인하면서 원인을 밝혀내도록 하자.

Check Point
❶ 연료 잔량을 확인한다
❷ 킬 스위치를 확인한다
❸ 배터리 상태를 확인한다
❹ 초크를 확인한다

1 Check Point 연료 잔량을 확인한다

연료 탱크 뚜껑을 열고 직접 확인

당연한 이야기지만 엔진은 연료(가솔린)가 있어야 움직인다. 연료 탱크 뚜껑을 열어서 바이크를 전후좌우로 흔들어 보자. 찰랑찰랑하는 액체 소리가 난다면 가솔린이 들어있다는 증거다. 펜라이트 등으로 내부를 비춰서 눈으로 확인하는 것도 좋지만, 혹시라도 성냥불이나 라이터 불을 들이대지 말 것. 연료와 관련된 작업을 할 때에는 화기 엄금이다. 아울러 연료 콕이 ON 위치인지도 확인해 보자(P58~ 참조). 의외로 이런 하찮은 실수가 원인일 경우가 많다.

연료 탱크 뚜껑을 열어서 눈이나 귀로 확인한다

2 Check Point 킬 스위치를 확인한다

스위치 ON/OFF를 점검

의외로 깜박하기 쉬운 것이 킬 스위치이다. 킬 스위치는 엔진의 점화계통 전원을 차단하는 스위치이며, 이것이 OFF 위치에 있으면 이그니션 키가 ON으로 되어 있어도 시동이 걸리지 않는다. 시동 모터는 잘 도는데 시동이 걸리지 않는다면 우선 킬 스위치를 확인해 보도록 하자.

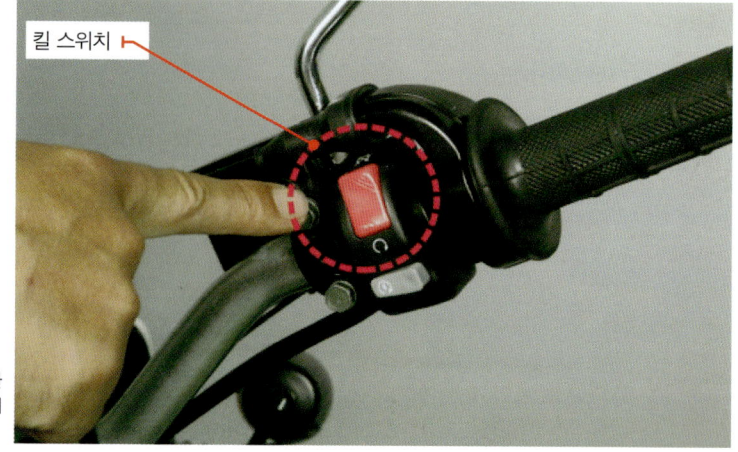

킬 스위치의 ON, OFF를 확인한다. 시동이 걸리지 않는 원인이 킬 스위치인 경우가 꽤 많다

3 Check Point 배터리 상태를 확인한다

시동 단추를 눌러서 시동 모터가 활기차게 잘 도는지 점검한다

시동 모터나 방향지시등으로 확인

배터리의 상태는 엔진 시동성에 큰 영향을 미친다. 시동 단추를 눌렀을 때에 시동 모터의 회전이 시원찮다든가, 방향지시등을 켰을 때에 점멸 주기가 비정상적이거나 밝기가 어두울 경우는 모두 배터리가 많이 방전된 상태거나 수명이 다 됐을 때이다. 이럴 때에는 충전을 해 본다(P114~ 참조). 참고로 시동 모터의 작동성에 문제가 있다면 배터리가 아니라 시동 모터 접점의 접촉 불량도 의심해 보도록 한다.

방향지시등의 점멸 주기나 밝기를 확인한다

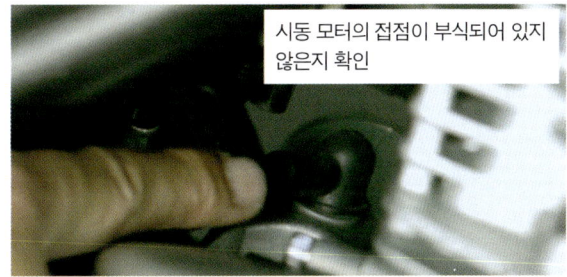

시동 모터의 접점이 부식되어 있지 않은지 확인

시동 모터 상태에 문제가 있다면 시동 모터의 접점이 부식되어 있지 않은지 확인하도록 한다(P64~ 참조)

4 Check Point 초크를 확인한다

외기온에도 주의

카뷰레터 엔진에는 외기온이 낮을 때에 시동성을 향상시키기 위한 장치로 초크(또는 스타터) 기구가 마련되어 있다. 초크를 당기면 카뷰레터로 들어가는 공기의 양을 줄여서 혼합기를 진하게 만드는 역할을 하는데, 외기온이 높을 때에 너무 오랜 기간 계속해서 사용하면 점화 플러그가 가솔린으로 젖거나 단자부에 카본이 쌓이게 된다. 이렇게 되면 점화가 제대로 이루어지지 않아서 시동이 걸리지 않게 될 경우가 있다.

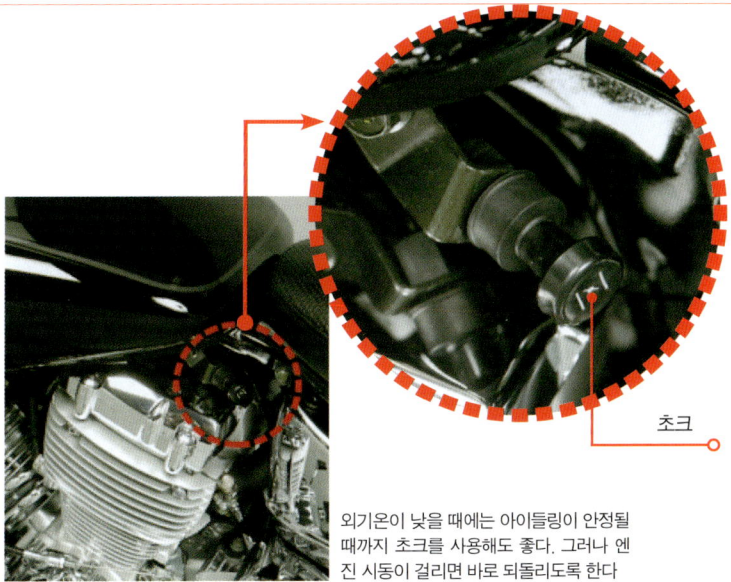

초크

외기온이 낮을 때에는 아이들링이 안정될 때까지 초크를 사용해도 좋다. 그러나 엔진 시동이 걸리면 바로 되돌리도록 한다

엔진 관련 트러블 해결법

회전이 고르지 않다, 연비가 나쁘다

> **Check Point**
> ❶ 에어클리너를 점검한다
> ❷ 점화 플러그를 확인한다

엔진의 회전 상승이 원활하지 못한 것은 에어클리너나 점화 플러그, 연료계 관련 부품들이 불량일 경우가 많다. 연비는 바이크의 건강 상태를 판단하는 기준 중의 하나이므로 연비를 정기적으로 확인하는 관습을 들이면 바람직하다.

1 Check Point 에어클리너를 점검한다

여과지가 막혀 있지 않은지 점검

스로틀을 열어도 엔진 상승이 더디고 매끄럽지 못하다면 에어클리너가 막혀있을 가능성이 높다. 에어클리너를 꺼내서 상태를 확인해 보고 너무 더럽다거나 파손되어 있다면 세척 또는 교환한다(P52~ 참조). 회전 상승이 개선되었는지 확인할 때에는 주변의 교통안전에 유의하면서 실제로 주행하면서 확인하자. 타이어를 구동하지 않은 상태 = 무부하 상태로는 엔진 컨디션을 올바르게 파악하기가 어렵기 때문이다.

에어클리너를 꺼내서 상태를 확인한다. 에어클리너 박스 내부가 더럽다거나 공기 도입구가 막혀 있지 않은지도 점검한다

제 4 장 　바이크의 트러블 & 고민거리 해결법

2 Check Point 점화 플러그를 확인한다

> 오일이나 카본이 묻어 있지 않은지 확인한다

점화 플러그에 카본이나 오일이 과다하게 묻어 있지 않은지 확인한다. 플러그 캡이나 플러그 코드에 금이 가 있지 않은지도 점검하자

카본 등의 오염을 제거

플러그 렌치 등을 사용해서 점화 플러그를 뽑아서 상태를 확인한다(P66~ 참조). 만약 카본이나 오일이 묻어 있다면 신품으로 교환하자. 신품으로 교환한 후에도 엔진 회전 상태나 연비에 개선이 나타나지 않는다면 다른 원인을 의심해 봐야 한다. 전문점에 진단을 의뢰하자.

와이어 브러시로 점화 플러그의 전극을 문질러서 카본을 떨어낸다

이 방법은 어디까지나 응급조치이다. 곧바로 신품으로 바꾸는 것이 바람직하다

엔진 관련 트러블 해결법

엔진 과열

요즘의 바이크는 어지간히 혹사하거나 가혹한 사용 조건이 아닌 한 엔진 과열을 일으키는 일은 거의 없다. 만약에 과열이 되었다면 엔진이 심하게 손상을 입었을 가능성이 있으므로 응급조치를 취한 다음에 전문점에 점검을 의뢰하자.

Check Point
❶ 엔진 오일을 확인한다
❷ 냉각수(쿨런트)를 점검한다

1 Check Point 엔진 오일을 확인한다

오일의 양은 충분한가?

엔진이 과열을 일으켰다면 엔진이 충분히 식은 다음에 오일 점검창, 또는 오일 필러 게이지로 엔진 오일이 충분히 들어 있는지 점검하고(P40~ 참조), 만약 부족하다면 오일을 규정치까지 보충한 다음에 다시 시동을 걸어 보자. 만약 오일의 양에 문제가 없다면 윤활 계통 파츠에 트러블이 발생했을 가능성이 높으므로 엔진을 재시동하지 말 것.

부득이 하게 주행을 계속해야 한다면 엔진 회전수를 최대한으로 낮춰서 달리도록 한다

엔진이 과열했다면 엔진이 충분히 식은 다음에 점검하도록 한다

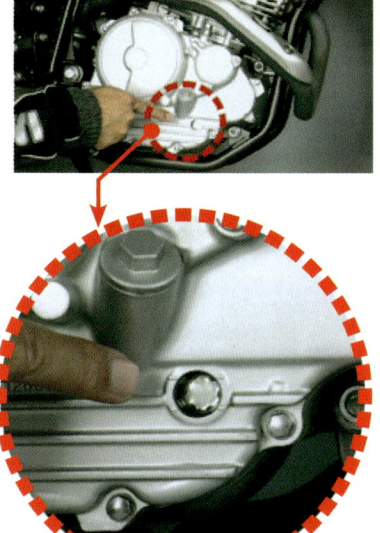
점검창을 통해 오일의 양을 점검한다. 부족하다면 규정량까지 보충하고 다시 시동을 걸어 본다

2 Check Point 냉각수(쿨런트)를 점검한다

냉각수(쿨런트)의 양은 보조 탱크의 수위를 보고 점검한다

보조 탱크

엔진이 충분히 식은 다음에 점검하자

수랭 엔진의 경우는 과열을 일으켰다면 라디에이터의 냉각수가 부족하지 않은지 확인한다. 냉각수는 매우 뜨거우므로 엔진이 충분히 식은 다음에 점검하도록 하자. 냉각수의 양은 보조 탱크의 수위를 보고 판단한다. 투어링 나가서 쿨런트(부동액 성분이 함유된 전용 냉각수)를 구하기 어렵다면 응급조치로 수돗물을 넣어도 괜찮지만, 가능한 한 빨리 냉각수를 교환하도록 한다.

제 4 장　바이크의 트러블 & 고민거리 해결법

공회전 부조

공회전(아이들링)이 매끄럽지 못하고 부조를 일으키는 원인은 여러 가지가 있다. 카뷰레터 엔진이라면 슬로우 젯이 막혀 있는 경우가 많고, 인젝션 엔진에서는 전자제어 장치의 트러블 등이 원인인 경우도 있으므로 전문점에 점검을 의뢰하는 편이 바람직하다.

Check Point
❶ 카뷰레터를 점검한다

1 Check Point　카뷰레터를 점검한다

자신이 없다면 전문점에 의뢰할 것

만약에 카뷰레터의 플로트 챔버를 떼어낼 수 있다면 가솔린이 바닥에 흐르지 않도록 조심하면서 플로트 챔버를 떼어낸다. 작은 사이즈의 일자 드라이버로 메인 젯과 슬로우 젯을 빼내고 각각의 젯 구멍이 막혀 있지 않은지 점검한다. 이물질이 끼어 있다면 파트 클리너 등으로 깨끗하게 세척하자.

카뷰레터의 플로트 챔버를 떼어낸 상태. 다만 작업 난이도가 높으므로 자신이 없는 사람은 삼가는 편이 무난하다

메인 젯

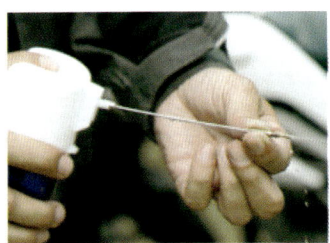

젯 구멍이 이물질로 막혀 있다면 파트 클리너 등으로 깨끗이 제거한다

슬로우 젯

카뷰레터의 플로트 챔버

엔진 관련 트러블 해결법

엔진에서 잡소리가 난다

엔진에서 나는 잡소리는 엔진 내부에 트러블이 발생해 있을 가능성을 나타낸다. 중대한 사고로 이어지기 전에 전문점에 진단을 의뢰하자.

Check Point
❶ 잡소리의 종류를 판단한다

1 Check Point　잡소리의 종류를 판단한다

원인을 가려내기란 쉽지 않다

잡소리의 원인으로 생각할 수 있는 것은 피스톤 마모에 의한 마찰음 증가 등 수많은 원인이 있다. 엔진의 어느 부분에서 소리가 나는지 귀로 판단하기란 의외로 어렵다. 이럴 때에는 주저하지 말고 전문점에 진단을 의뢰하도록 하자.

잡소리 발생 장소를 귀로 구별해내기란 어렵다. 이런 증상이 나타났다면 전문점에 진단을 의뢰하자

엔진 관련 트러블 해결법

클러치가 미끄러진다

마찰력을 이용해서 동력을 전달하는 클러치는 소모품이므로 클러치가 미끄러지는 증상이 나타났다면 클러치 플레이트를 교환해야 한다. 클러치 수명을 늘이기 위해서 주의해야 할 점을 살펴보자.

Check Point
① 클러치 유격을 확인한다

1 Check Point 클러치 유격을 확인한다

엔진 오일 선택도 중요하다

클러치 수명을 늘이려면 클러치의 올바른 사용법을 알아두어야 한다. 출발할 때의 반클러치 조작은 너무 오랜 시간 끌지 않도록 하고, 급발진, 급가속 등도 삼가도록 한다. 클러치 레버의 유격이 너무 적으면 언제나 클러치를 가볍게 당기고 있는 상태가 이어지므로 클러치 플레이트 마모가 빨라진다. 습식 클러치라면 어떤 엔진 오일을 사용하는가도 중요하다. 브랜드나 그레이드 등에 따라서는 클러치와의 궁합에도 영향이 있다. 바이크 메이커에서 지정하는 순정 오일이라면 그런 문제로 고민할 필요가 없다.

출발할 때의 반클러치 조작은 엔진이 꺼지지 않을 정도의 속도에 도달했다면 끝내도록 한다. 반클러치를 너무 오래 사용하면 클러치 플레이트 소모가 심해진다

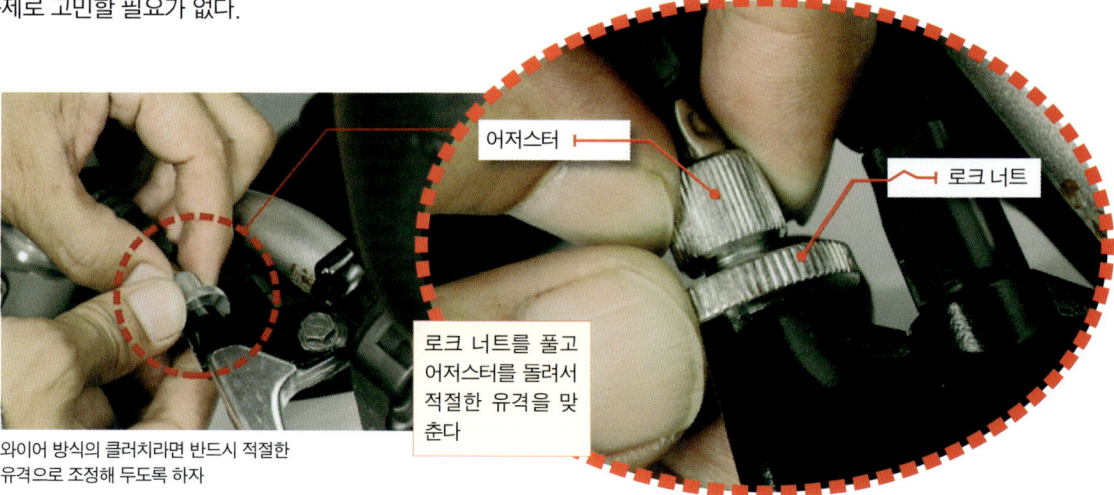

어저스터
로크 너트

로크 너트를 풀고 어저스터를 돌려서 적절한 유격을 맞춘다

와이어 방식의 클러치라면 반드시 적절한 유격으로 조정해 두도록 하자

유격은 서비스 매뉴얼에 기재된 수치를 지키는 것이 기본이다

차체 관련 트러블 해결법

주행 중에 차체가 휘청거린다

사고나 넘어진 경력이 없는 바이크라면 달리는 중에 차체가 휘청거리는 원인 중에서 가장 많은 것이 타이어나 휠에 관련된 트러블이다. 공기압 등을 중심으로 점검해 보자.

Check Point
❶ 타이어, 휠을 점검한다

1 Check Point 타이어, 휠을 점검한다

공기압 등을 중심으로 점검

타이어의 성능을 100% 발휘시키기 위해서는 언제나 적정한 공기압을 유지해야 할 필요가 있다. 에어게이지를 사용해서 공기압을 측정해 보고 너무 높으면 적정치까지 빼고, 너무 낮으면 에어펌프 등으로 공기압을 보충한다. 공기압이 정상이라면 타이어가 편마모 되어 있지 않은지, 홈이 충분히 남아있는지 등을 점검한다. 타이어에 이상이 없다면 휠이 휘어 있지 않은지 확인해 보자. 타이어나 휠이 모두 정상이라면 스티어링 둘레나 서스펜션에 이상이 있다. 전문점에서 점검할 것을 권한다.

공기압이 부족하면 타이어 형상이 불안정해져서 주행 중에 휘청거리게 된다. 또 연비도 나빠진다

핸들이 꺾이는 움직임에 위화감이 없는지도 확인하자

핸들을 좌우로 꺾어봐서 손에 전달되는 감촉으로 확인한다

공기압이 이처럼 낮은 상태라면 손으로 눌러보기만 해도 위화감을 느낄 수 있다

타이어를 직접 만지지 않더라도 익숙해지면 바이크를 밀고 끌기만 해도 공기압 변화를 알아차릴 수 있게 된다

손으로 눌러봐도 공기압을 알 수 있다. 평소부터 점검하는 습관을 들이자

차체 관련 트러블 해결법

주행 중에 핸들이 떨린다

주행 중에 핸들이 떨리는 것은 휠 밸런스 불량 등 바이크에 관련된 원인 외에도 화물을 싣는 방법이 잘못되어 있는 등의 외부 요인도 원인으로 작용한다

Check Point
❶ 짐이 제대로 실렸는지 점검한다
❷ 스티어링 둘레의 상태를 살핀다

1 Check Point 짐이 제대로 실렸는지 점검한다

짐은 바이크 중심에 맞게

바이크에 짐을 실을 때에는 가능한 한 짐을 바이크 무게 중심에 가까운 위치에 싣도록 한다. 좌우로 편중된 상태로 실으면 핸들링에 좋지 않은 영향을 주게 된다. 단단히 고정해 놓았더라도 주행 중에 원심력이나 관성력, 진동 등으로 짐이 한쪽으로 쏠릴 수도 있으므로 끈이나 그물을 사용해서 잘 고정하도록 하자.

한쪽으로 쏠린 상태로 달리면 핸들링에 나쁜 영향을 미친다

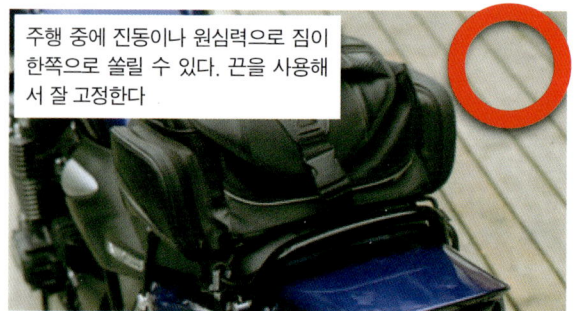
주행 중에 진동이나 원심력으로 짐이 한쪽으로 쏠릴 수 있다. 끈을 사용해서 잘 고정한다

바이크 중심에 짐을 실으면 균형이 잘 잡힌다

2 Check Point 스티어링 둘레의 상태를 살핀다

정밀한 검사가 필요하다

위에서 소개한 짐 싣는 법에 의한 원인 말고도 바이크 자체에 원인이 있다면,
- 휠 밸런스 어긋남
- 휠이 휘었음
- 프론트 포크가 프레임이 굽었음
- 스티어링 둘레 파트의 손상

등이 있다.
모든 항목이 정밀한 검사와 수리 기술을 필요로 하는 것이므로 전문점에 점검을 의뢰하는 편이 바람직하다.

스티어링 헤드 둘레의 조정은 정밀한 작업이 요구된다. 전문점에 맡기도록 하자

스티어링 헤드를 조일 때에는 규정치에 맞는 조임 토크가 필요하다. 섣불리 만지면 오히려 사태가 악화되므로 세심한 주의가 필요하다. 자신이 없다면 전문점에 맡기자

제 4 장 바이크의 트러블 & 고민거리 해결법

브레이크가 잘 안 듣는다

브레이크와 관련된 트러블은 중대한 사고로 이어질 가능성이 크다. 조금이라도 브레이크에 위화감을 느꼈다면 즉시 운행을 중지하고 원인을 밝혀서 대처하도록 하자.

Check Point
❶ 브레이크 패드의 상태를 확인한다

1 Check Point 브레이크 패드의 상태를 확인한다

브레이크는 라이딩의 생명줄이다

최근의 주류를 이루는 디스크 브레이크는 비오는 날 등의 악조건 속에서도 안정된 성능을 발휘하지만, 브레이크 패드가 마모된 상태에서는 본래의 성능이 나올 수가 없다. 브레이크가 잘 듣지 않는다고 느꼈다면 우선 브레이크 패드의 잔량을 확인하자. 잔량이 충분하다면 디스크에 유분이나 이물질이 묻어 있지 않은지 점검한다. 또한, 브레이크 레버를 당겼을 때에 물컹거리는 위화감이 있다면 브레이크 라인에 공기가 섞였을 가능성이 높다. 신속하게 전문점에 가져가서 정비를 의뢰하도록 하자.

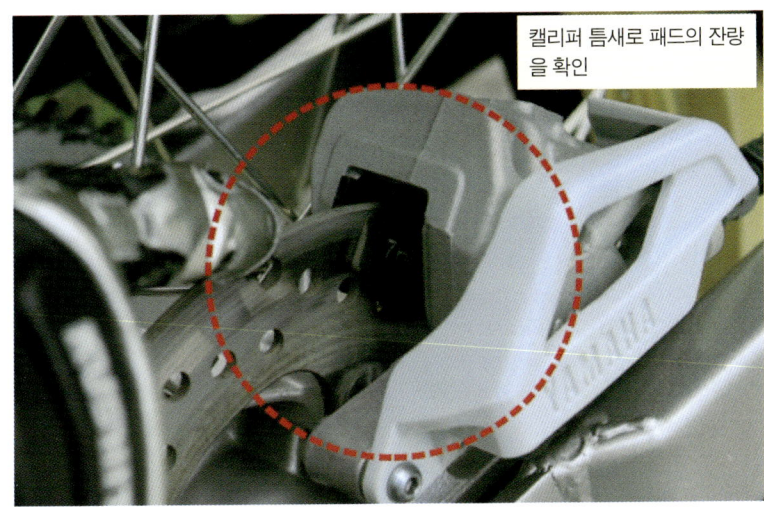

캘리퍼 틈새로 패드의 잔량을 확인

브레이크 패드의 잔량은 브레이크 캘리퍼의 틈새를 통해 눈으로 확인할 수 있다(P87 참조)

브레이크 패드의 마모가 진행될수록 브레이크 레버의 조작량도 덩달아 커진다. 운행 중에 레버 조작량이 많다고 느꼈다면 우선 패드 잔량을 확인해 보자

브레이크 레버가 그립을 쥐는 손가락에 닿을 정도라면 의심해 봐야 한다

이런 상태는 브레이크 레버 유격이 적정범위를 벗어났거나, 브레이크액 속에 공기가 섞였을 가능성이 있다. 즉시 전문점에서 점검하자

차체 관련 트러블 해결법

서스펜션에서 오일이 샌다

프런트 포크에서 오일이 샌다면 오일 씰을 교환해야 한다. 이너 튜브에 생긴 녹이나 상처가 원인이라면 전문점에 점검을 의뢰한다.

Check Point
❶ 오일 씰을 교환한다

1 Check Point 오일 씰을 교환한다

본래의 성능을 되찾기 위해

브레이킹이나 가속, 그리고 노면의 충격을 흡수하는 등 서스펜션은 한시도 쉴 새 없이 왕복운동을 반복한다. 가동 부분 접속부에 마련되어 있는 오일 씰이 마모 등의 원인으로 파손된다면 서스펜션은 본래의 기능을 수행할 수가 없게 된다. 프런트 포크는 교환이 가능한 오일 씰을 사용하므로 이것을 교환하기만 하면 본래의 기능을 되찾을 수가 있다. 그러나 단순히 교환한다고 문제가 해결되지 않는 경우도 있다. 단순히 씰의 수명이 다 된 경우가 아니고, 만약 이너 튜브에 발생한 녹이나 상처 때문에 오일 씰이 파손되었다면 아무리 신품으로 교환해도 똑같은 문제가 반복될 뿐이다. 눈으로도 확인할 수 있을 정도의 큰 녹이나 상처라면 금세 눈에 띄지만 미세한 녹이나 상처는 제대로 검사해 보지 않으면 잘 모른다. 정밀 검사를 위해 전문점에 작업을 의뢰하는 편이 무난하다. 아울러 오일 씰을 교환할 때에는 포크 오일도 함께 교환하도록 하자.

이런 상태로는 서스펜션의 기능이 떨어지므로 신속히 전문점에 가져가서 오일 씰 교환이나 프런트 포크 오버홀(분해정비)을 의뢰하자

프런트 포크 이너 튜브에 시커먼 오일이 배어나온다면 오일 씰이 파손되어 있다는 뜻이다

전기 관련 트러블 해결법

라이트가 켜지지 않는다

전조등, 방향지시등, 미등/정지등 램프. 각종 인디케이터 등이 켜지지 않는 트러블은 대부분 벌브가 끊어진 것이 원인. 최신의 기종에 장착되어 있는 LED식 등화류의 경우는 유닛을 교환한다.

Check Point

❶ 벌브가 끊어지지 않았는지 점검한다

1 Check Point 벌브가 끊어지지 않았는지 점검한다

위쪽을 테이프로 가리면 상향등 쪽의 빛을 차단할 수 있다

헤드라이트의 열로 인해 테이프가 녹아서 라이트 렌즈가 지저분해진다는 단점이 있다. 가급적 빨리 벌브를 교환하도록 하자

헤드라이트의 하향등 벌브가 끊어졌을 경우에는 응급조치로써 헤드라이트의 위 절반을 테이프 등으로 막고 상향등을 켠 채로 주행하는 방법이 있다.

우선은 벌브를 교환해 본다

전조등이나 미등 등 라이트류가 켜지지 않을 경우에 가장 먼저 해봐야 하는 것이 벌브 교환이다. 만약 벌브를 새것으로 교환해도 고쳐지지 않는다면, 방향지시등의 경우라면 릴레이 고장, 정지등의 경우라면 브레이크 레버/ 페달에 설치되어 있는 스톱램프 스위치 불량을 의심해 봐야 한다. 또, 각 배선이나 커넥터 접속 상태, 단선 여부도 라이트가 켜지지 않는 이유 중의 하나다. 진단이나 수리에 자신이 없다면 전문점에 의뢰하도록 하자.

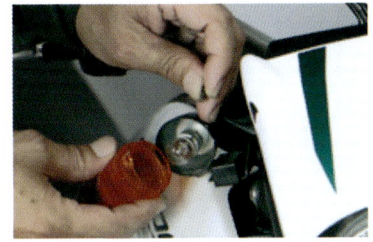

방향지시등, 미등, 정지등의 벌브 교환 작업은 비교적 난이도가 낮은 작업이다(P120~ 참조)

전기 관련 트러블 해결법

배터리 방전

배터리가 방전되어 버리면 먼저 충전을 해봐서 배터리를 재사용할 수 있는지를 확인한다. 만약 카뷰레터 엔진 바이크라면 밀어걸기로 시동을 거는 방법도 있다.

Check Point
❶ 밀어걸기로 시동을 걸어 본다

1 Check Point 밀어걸기로 시동을 걸어 본다

밀어걸기 순서

기어를 2단에 넣고 클러치를 당긴다

바이크를 밀어서 시동을 거는 순서는 다음과 같다.
① 이그니션 키를 ON으로 한다
② 기어를 2단에 넣는다
③ 클러치 레버를 당긴다

밀어걸기를 하려면 평지나 내리막길이 좋다. 클러치를 당긴 채로 바이크를 밀어서 어느 정도 속도가 붙었으면 시트에 올라타고 클러치를 연결한다. 시트에 올라타고 클러치를 연결하는 순간에 체중으로 후륜을 노면에 눌러 주도록 하면 시동 걸기가 한결 수월해진다. 만약 도와줄 사람이 옆에 있다면 바이크에 올라탄 상태로 뒤에서 밀어 달라고 하는 방법도 있다. 이것이 훨씬 안전하고 확실한 방법이다.

이그니션을 ON으로 하고 기어를 2단에 넣는다

클러치 레버를 당긴다

어느 정도 속도가 붙을 때까지 계속 바이크를 민다

평지나 내리막길이 편하다

클러치를 당긴 채로 바이크를 민다

올라타는 여세로 후륜을 노면에 누르듯이 체중을 실으면 후륜이 멈추려는 것을 막을 수 있다

밀다가 시트에 올라타고 클러치를 연결한다

튜브 타이어 펑처 수리

스포크 휠이 달린 오프로드 바이크는 거의 예외 없이 튜브 타이어를 채용한다. 펑크가 나면 튜브리스 타이어에 비해 손이 많이 가고 번거롭다고 여겨지곤 하지만, 방법을 터득하고 나면 그다지 어려운 작업도 아니다. 임도 투어링 등 오프로드 주행을 적극적으로 즐기려는 사람은 반드시 익혀 두어야 할 기술이다.

▶ 필요한 도구들

이것들을 평소부터 휴대하고 다니면 펑크가 나도 대처할 수 있다

- 휴대용 에어펌프
- 정비 장갑
- 파우치에 넣고 다니면 휴대하기 편하다
- 접착제
- 에어밸브(무시) 돌리개
- 패치
- 몰리브덴 그리스
- 비드 크림
- 타이어 레버

이것이 튜브 타이어 펑크 수리에 필요한 도구들이다. 가볍고 작은 오프로드 바이크에 싣고 다니기에 편리하도록 파우치에 담을 수 있게 만들어져 있다

▶ 수리 순서

1 복스 렌치 등으로 액슬 너트를 푼다

2 액슬 샤프트를 뺄 때에는 이처럼 반쯤 걸려 있는 액슬 너트를 두드리면 좋다

너트를 완전히 제거하지 않는 편이 액슬 샤프트를 뺄 때에 더 편하다

펑처 수리법

3 액슬 샤프트를 빼고 휠을 떼어낸다

4 체인을 벗긴다

5 여분의 타이어를 작업대로 활용하면 작업이 수월해진다 / 타이어를 벗길 준비를 한다

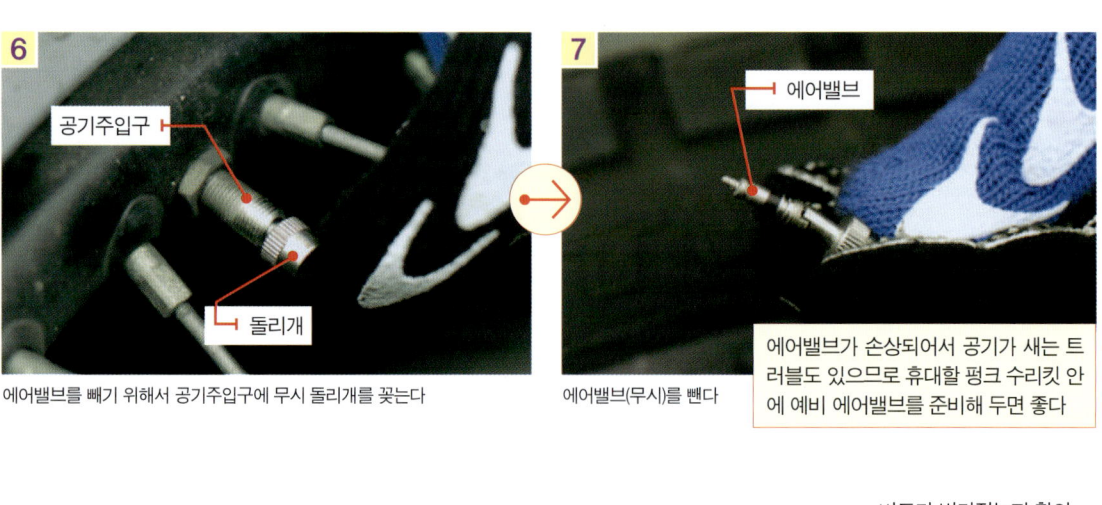

6 에어밸브를 빼기 위해서 공기주입구에 무시 돌리개를 꽂는다 (공기주입구, 돌리개)

7 에어밸브(무시)를 뺀다 / 에어밸브가 손상되어서 공기가 새는 트러블도 있으므로 휴대할 펑크 수리킷 안에 예비 에어밸브를 준비해 두면 좋다

8 공기주입구를 고정하고 있는 로크 너트를 렌치로 풀어서 제거한다

9 타이어 옆면을 발로 밟거나 타이어 레버를 지렛대 삼아 림에 끼워져 있는 타이어 비드를 벗긴다

10 비드가 벗겨졌는지 확인 / 타이어를 벗기기 편하도록 비드 면에 비드 그리스를 발라두어도 좋다 / 비드가 타이어 전체에 걸쳐 벗겨져 있는지 확인한다

11 이때에 타이어 레버에 튜브가 씹히지 않도록 조심한다
비드 · 림
두 개의 타이어 레버를 사용해서 비드가 림 위로 올라오도록 한다

12 타이어 레버 한 개를 기점 삼아서 나머지 타이어 레버로 타이어를 림에서 벗겨낸다. 이 작업을 한 바퀴에 걸쳐서 반복하면 한쪽 비드가 완전히 림에서 빠지게 된다

13 공기주입구
공기주입구를 림 안쪽에 밀어 넣어서 구멍에서 뺀다. 타이어와 림 사이로 튜브를 뺄 때에는 이 부분부터 빼도록 한다

14 조금씩 튜브를 잡아 빼면서 한 바퀴 돌면 튜브가 완전히 빠진다

15 공기주입구에 에어밸브를 끼우고 에어펌프로 튜브에 공기를 넣는다

펑크 난 장소를 찾기 위해서 공기를 채우는 것이므로 너무 많이 넣을 필요는 없다

16 물통에 물을 채워서 튜브를 담가 본다. 물속에서 한 바퀴 돌리다 보면 펑크 난 곳에서 공기방울이 올라오는 것을 확인할 수 있다

펑처 수리법

17 갈아낼 범위는 그 위에 붙일 패치 사이즈보다 약간 넓게 잡는다

펑크 난 곳을 확인했다면 구멍 둘레의 표면을 사포로 갈아낸다

18

표면을 깨끗하게 갈아냈으면 접착제를 바른다. 바르는 범위는 패치 사이즈보다 크게 잡을 것

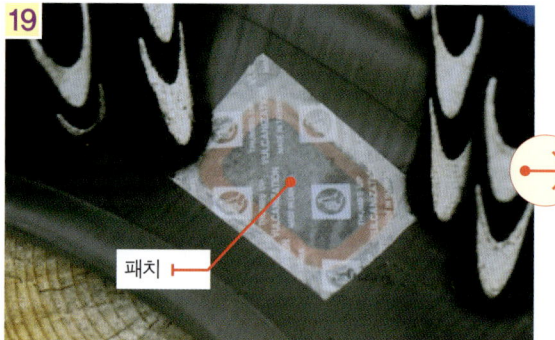

19 패치

접착제가 끈적거리지 않을 정도로 건조되면 그 위에 패치를 붙인다

20

플라스틱 망치 등으로 패치를 두드려서 튜브 표면에 완전히 밀착시킨다

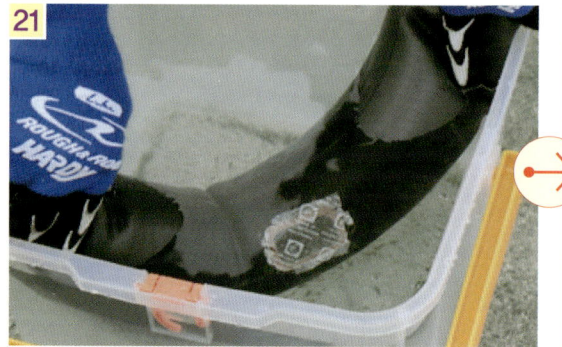

21

튜브에 공기를 약간 넣고 물속에 담가서 공기가 새지 않는지 확인한다

22

튜브를 타이어에 넣기 전에 타이어 안쪽에 이물질이 없는지 확인한다

제 4 장 　바이크의 트러블 & 고민거리 해결법

23 먼저 공기주입구를 끼우고, 다시 빠지지 않도록 로크 너트를 가볍게 걸어 둔다

튜브를 타이어 속에 넣을 때에는 먼저 공기주입구부터 넣는다

24 공기주입구를 중심으로 조금씩 튜브를 넣어간다

25 타이어 레버에 튜브가 씹히지 않도록 주의. 림이 휘지 않도록 힘 조절하면서 작업하자

안에서 튜브가 꼬이지 않았는지 확인한다. 타이어 레버를 지렛대 삼아 비드를 림 안쪽에 끼운다

26 타이어 공기압에 낮더라도 비드가 림 위에서 헛돌지 않도록 고정한다. 비드 스토퍼가 튜브를 씹지 않았는지도 확인한다

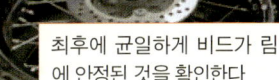

27 비드 크림이 없다면 가정용 중성세제를 써도 괜찮다 (사용한 후에는 물로 깨끗이 씻어낼 것)

최후에 균일하게 비드가 림에 안정된 것을 확인한다

공기주입구에 에어밸브를 끼우고 공기를 넣으면 조금씩 비드가 림에 압착되어 간다. 림에 비드가 잘 끼워지도록 비드 크림을 미리 발라 놓으면 작업이 편하다

28 에어 게이지로 타이어 공기압을 재면서 적정 공기압으로 조정한다

29 휠을 스윙 암에 장착하고 체인 풀러를 돌려서 드라이브 체인 유격을 적정하게 맞춘다(P92~ 참조)

30 액슬 너트를 조여서 액슬 샤프트를 고정하면 작업 완료다

펑처 수리법

튜브리스 타이어 펑처 수리

튜브리스 타이어의 펑크 수리는 요령만 터득하면 그다지 어려운 작업이 아니다. 고성능 스포츠 바이크의 경우라면 펑크 수리는 어디까지나 응급조치라고 생각하고, 가급적 빨리 타이어를 신품으로 교환하는 것이 바람직하다.

▶ 필요한 도구들

이것들을 평소부터 휴대하고 다니면 펑크가 나도 대처할 수 있다

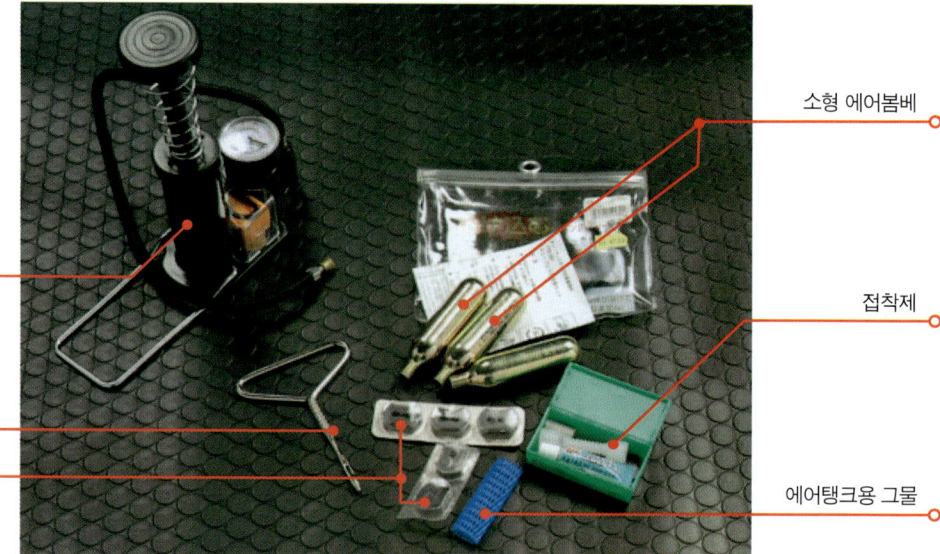

- 휴대용 에어펌프
- 삽입 공구
- 플러그 칩
- 소형 에어봄베
- 접착제
- 에어탱크용 그물

이것이 튜브리스 타이어 펑크 수리킷이다. 소형 에어봄베를 몇 개 정도 갖추고 있으면 에어펌프를 휴대할 필요도 없다

▶ 수리 순서

1 펑크 난 부위를 확인한다

2 펑크의 원인이었던 못이나 금속 파편 등이 타이어에 박혀 있다면 공구를 사용해서 뽑는다

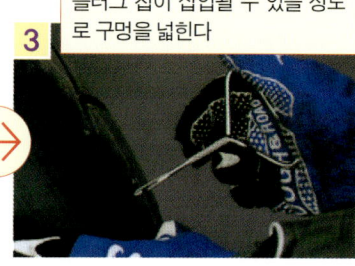

3 플러그 칩이 삽입될 수 있을 정도로 구멍을 넓힌다

삽입 공구에 접착제를 듬뿍 발라서 펑크 난 구멍에 꽂는다

제 4 장   바이크의 트러블 & 고민거리 해결법

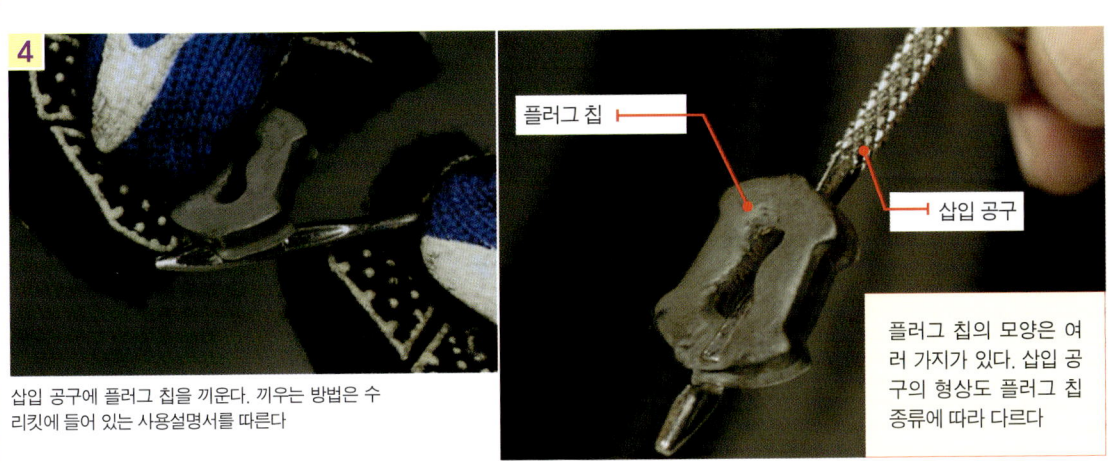

4 삽입 공구에 플러그 칩을 끼운다. 끼우는 방법은 수리킷에 들어 있는 사용설명서를 따른다

플러그 칩 — 삽입 공구

플러그 칩의 모양은 여러 가지가 있다. 삽입 공구의 형상도 플러그 칩 종류에 따라 다르다

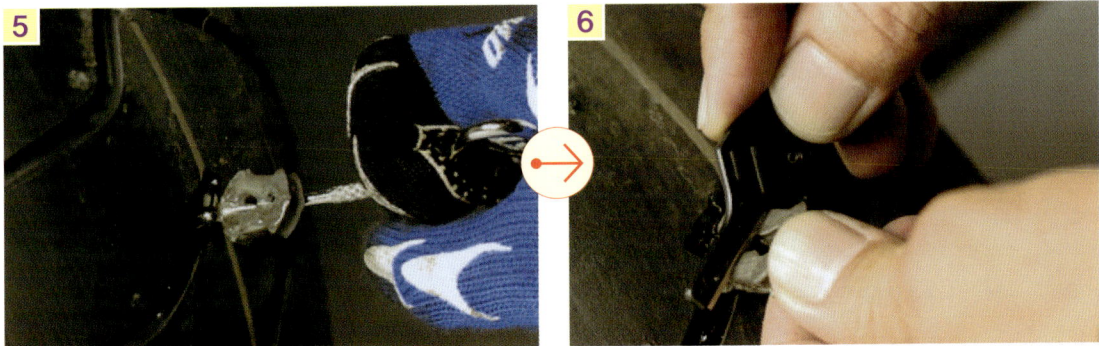

5 플러그 칩을 끼운 삽입 공구를 구멍 안에 꽂아 넣는다. 구멍에 완전히 박힐 때까지 찔러 넣은 다음에 삽입 공구를 빼낸다

6 표면에 남아 있는 불필요한 플러그 칩은 칼로 잘라낸다

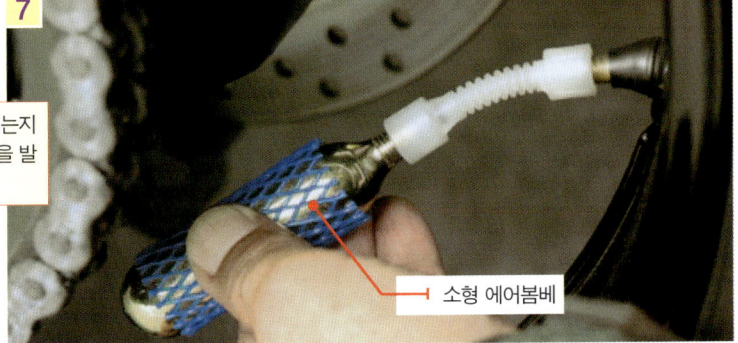

7 수리한 곳에 공기가 새는지 여부는 비눗물이나 침을 발라보면 알 수 있다

— 소형 에어봄베

에어봄베에 그물과 노즐을 장착하고 타이어에 공기를 주입한다. 수리한 부분에서 공기가 새지 않는지 확인하고, 에어게이지로 공기압을 측정하면서 규정 공기압으로 맞춘다

153

애마와 오래 사귀기 위한 라이더의 마음가짐

어떻게 타는가, 어떻게 보관하는가에 따라 큰 차이가 난다!

바이크를 좋은 상태로 만드는 것을 정비 작업이라고 한다면, 상태가 나빠지는 원인을 가급적 만들지 않도록 조심하는 것도 근본적인 정비 중의 하나다. 평소의 운전법, 보관법 등은 당장에라도 시작할 수 있는 것들이다. 명심해야 할 사항은 '바이크에 대한 애정'이다.

바이크를 아끼며 타는 법을 터득하자

같은 기종을 타더라도 바이크를 아끼고 잘 다루는 라이더와, 험하게 막 굴리는 라이더가 있다면 어느 쪽의 바이크가 오래 갈 것인가는 새삼 말할 필요도 없다. 정비도 중요하지만 평소에 어떻게 타고 있는가도 그에 못지않게 중요하다.

1 이점을 명심하자!
클러치 조작은 섬세하게

급한 조작을 피한다

출발할 때에 반클러치 조작을 너무 길게 하면 클러치가 쉽사리 마모되어 버린다. 또, 급격하게 회전수를 올리면서 클러치를 급하게 연결하는 급발진, 급가속은 클러치뿐만 아니라 엔진 내부의 기어, 드라이브 체인, 스프로킷 등 구동부 파트에 과도한 부담을 주게 된다. 바이크의 수명을 늘이기 위해서는 이 같은 '급조작은 피하는 편이 바람직하다.

2 이점을 명심하자!
기어를 넣을 때에는 부드럽게

조심스럽게 조작한다

걷어차듯이, 또는 짓밟듯이 거칠게 페달을 조작하는 행위는 엔진 내부의 부품에 손상을 입힐 뿐이다. 엔진 회전수와 주행 속도에 맞는 기어를 선택해서 조심스럽게 기어를 조작하는 것이 라이딩의 기본이다. 또한, 드라이브 체인이나 스프로킷 등 구동계 부품의 수명을 늘이는 일이기도 하다.

급발진, 급가속 등 엔진 회전을 과격하게 올려서 급하게 클러치를 연결하는 조작은 금물이다

반클러치 조작을 쓸데없이 오래 끄는 것은 클러치 마모를 촉진시킨다

엔진 회전수와 주행 속도를 생각해서 기어를 선택한다

의식해서 조심스럽게 조작하면 라이딩이 부드러워지고, 구동계의 부담도 줄어든다

3 이점을 명심하자! 올바른 워밍업

달리면서 해도 문제없다

공회전 상태로 10분 이상 엔진을 방치하는 것은 환경에도 좋지 않을뿐더러, 바이크에도 좋을 것이 없다. 바이크의 냉각 시스템은 주행풍에 의존하는 면이 크기 때문에 공회전으로 워밍업 하는 일은 기껏해야 5분 이내면 충분하다. 오히려 엔진의 시동을 걸었으면 즉시 달리기 시작해도 무방하다. 워밍업이 필요한 곳은 엔진뿐만 아니라 서스펜션이나 타이어도 해당되므로 10분 정도는 엔진 회전수와 주행 속도를 낮추어 달리면서 차체 각 부분의 가동 부분이 잘 움직일 때까지 워밍업 하도록 한다.

후륜을 띄운 상태에서 기어를 넣고 후륜을 회전시켜 두면 구동계 워밍업도 동시에 할 수 있다. 타이어나 체인에 말려들지 않도록 안전에 충분히 신경을 쓸 것

센터 스탠드

센터 스탠드를 건 상태로 워밍업 할 때에는 너무 오래 하지 말 것. 주행풍이 없는 상태로 엔진을 돌린다는 것은 엔진에 부담을 주기 때문이다

급가속, 급감속 하는 스로틀 조작도 삼가자

달리면서 워밍업 할 때에는 엔진 회전수를 낮춘다. 주위의 교통 흐름 등에 주의하면서 3,000~4,000rpm 이하로 달리도록 하자

바이크를 깨끗하게 보관하는 방법

바이크의 컨디션을 좋은 상태로 유지하는 가장 바람직한 방법은 가능한 한 매일같이 타는 것이다. 바이크를 운행하는 빈도를 높임으로써 엔진 내부의 오일이 순환하게 되고, 배터리는 발전기로 충전되며, 연료 탱크 안의 가솔린이 급유할 때마다 신선한 것으로 채워지게 된다. 그렇지만 바쁜 일상생활 속에서 매일 타기는 힘들다는 사람도 적지 않다. 눈이 많이 내리는 지역에서는 겨우내 몇 개월 이상 바이크를 세워두는 일도 흔하다. 바이크의 수명을 늘이기 위해서, 타지 않을 때에는 어떻게 하면 좋은지에 대해서 알아보자.

1 이점을 명심하자! 연료탱크를 가득 채워둔다

가솔린도 오래 두면 상한다

일이 바빠서 주말에 한 번, 또는 보름에 한 번 정도 밖에 바이크를 탈 기회가 없다는 사람은 가능한 한 연료탱크에 가솔린을 가득 채워두도록 하자. 연료 탱크 안이 비어 있으면 공기 중에 함유된 수분이나 결로 현상으로 발생한 물기 때문에 녹이 나거나, 인젝터, 연료 필터 등이 막히는 등의 트러블 원인이 된다. 바이크를 탈 시간이 좀처럼 없다고 하더라도 1~2주에 한 번 정도는 1~2분 정도라도 좋으니 시동을 걸도록 하자. 만약 바이크를 세워둘 기간이 더욱 길어서 3개월 이상 시동 걸 일도 없이 지났다면 가솔린이 변질되었을 가능성이 있다. 연료 탱크 속의 가솔린을 전부 쏟아내고, 빈 용기에 담아 주유소 등에 처리해 달라고 하자.

※ 등유용 수지통에 가솔린을 넣으면 화재 등 중대한 사고를 일으킬 수 있으므로 절대로 삼간다.

연료 탱크 안에 발생한 수분 때문에 녹이 발생하거나 인젝터, 연료 필터 등이 막힐 수가 있다

시동을 걸지 않은 상태로 3개월 이상 지났다면 가솔린이 변질됐을 가능성이 있다. 새 것으로 바꿔 넣도록 하자

수분을 함유한 공기를 연료 탱크 안에 남기지 않으려면 연료를 언제나 가득 채워 두는 것이 좋다. 또한 3개월 이상 경과된 가솔린은 사용하지 말고 처분하는 편이 무난하다

2 이점을 명심하자! 앞뒤의 타이어를 띄운다

타이어와 서스펜션을 확인한다

겨우내 너무 춥고 눈이 쌓여서 장기간 바이크를 탈 수 없다면 앞뒤 타이어를 지면에서 띄운 상태로 보관하는 것이 이상적이다. 서스펜션에 언제나 바이크의 무게가 걸려 있는 것보다는 가벼운 상태를 만들어 주는 편이 서스펜션에 부담이 덜 간다. 또, 장기간 세워두게 되면 타이어의 한 곳만 집중적으로 지면에 눌리게 되어 타이어가 변형될 우려도 있다. 앞뒤 타이어를 띄워 두기가 어렵다면 가끔씩은 주차 공간 안에서 바이크를 이동시켜서 타이어 한 곳만 지면에 닿는 일이 없도록 하자.

바이크의 무게가 언제나 걸려 있는 상태란 서스펜션으로서는 큰 부담이 된다. 앞뒤 타이어를 띄우면 그 부담을 줄일 수 있다

앞뒤 타이어를 띄우는 일은 센터 스탠드를 갖고 있는 바이크라면 손쉽게 가능하다. 사이드 스탠드만 있는 바이크라면 후륜용 메인터넌스 스탠드를 사용하자

잭으로 띄운 채로 보관하는 것은 바이크가 넘어질 우려가 있다. 그래도 잭을 사용하고 싶다면 반드시 평탄한 장소이어야 한다

전륜을 띄우려면 프런트용 메인터넌스 스탠드가 있으면 편리하다. 프레임 밑면을 잭으로 들어 올릴 경우에는 반드시 안정된 장소에 고임목으로 고정하고 잭은 치우도록 할 것

적절한 끈이나 벨트로 프런트 포크와 메인스탠드를 서로 묶는다

메인스탠드

프런트 포크

전륜을 띄운 상태에서는 혹시라도 메인스탠드가 내려가지 않도록 고정해 두는 편이 안심이다.
메인스탠드와 프런트 포크를 적절한 끈이나 벨트로 묶어두면 좋다

보관 장소가 경사져 있다거나 센터 스탠드가 달려 있지 않다거나 등의 이유로 전후 타이어를 띄워서 보관하기가 어렵다면, 한 달에 한 번 정도는 바이크를 조금씩 이동시켜서 타이어가 골고루 회전하도록 하면 좋다

타이어의 한 곳만 집중적으로 지면에 눌리게 되면 타이어가 변형될 우려가 있다. 가끔씩 주차 공간 안에서 바이크를 이동시키는 것은 이를 방지하는 방법 중의 하나다

점검, 보관할 때에 편리하다!
메인터넌스 스탠드에 대해서

▶ 오프로드용 메인터넌스 스탠드

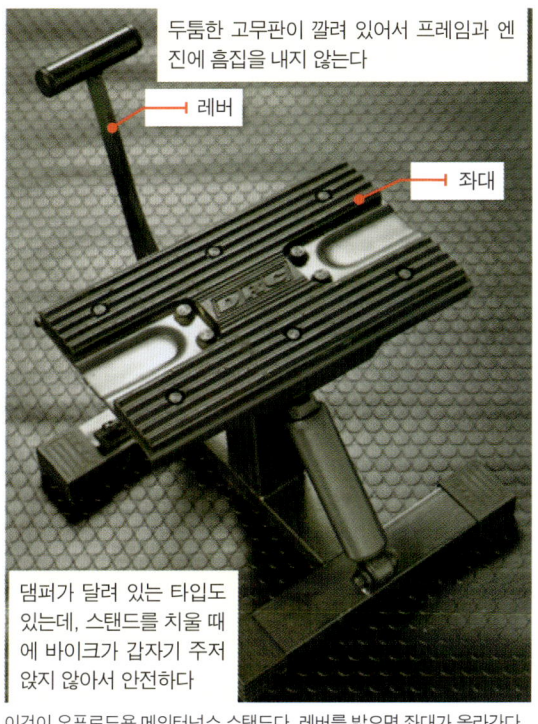

두툼한 고무판이 깔려 있어서 프레임과 엔진에 흠집을 내지 않는다
― 레버
― 좌대

댐퍼가 달려 있는 타입도 있는데, 스탠드를 치울 때에 바이크가 갑자기 주저앉지 않아서 안전하다

이것이 오프로드용 메인터넌스 스탠드다. 레버를 밟으면 좌대가 올라간다

차체가 올라간다

발로 밟는다

레버를 밟으면 좌대가 올라가면서 차체를 지면에서 띄운다. 센터 스탠드가 없는 오프로드 바이크에게 편리한 아이템이다

레버를 밟아서 차체를 띄운다

오프로드 바이크를 정비할 때에 편리한 것이 오프로드용 메인터넌스 스탠드다. 엔진 하부에 스탠드를 놓고 레버를 밟으면 좌대가 올라가면서 앞뒤 타이어를 지면에서 띄울 수 있게 해준다. 센터 스탠드가 없는 경우가 많은 오프로드 바이크를 정비할 때에 상당히 요긴한 아이템이다. 참고로, 250cc급 이하의 작은 오프로드 바이크라면 메인터넌스 스탠드 대용으로 플라스틱제 맥주 상자 등을 사용하는 방법도 있다.

리프트 업(차체를 띄우는) 방식인 오프로드용 메인터넌스 스탠드는 한 곳으로 전후 타이어를 띄우기 때문에 안정성이 다소 낮다. 바이크를 보관할 때에는 리지드(고정) 타입 메인터넌스 스탠드(또는 플라스틱제 맥주 상자 등)를 사용할 것

점검, 보관할 때에 편리하다!
메인터넌스 스탠드에 대해서

▶ 온로드용 메인터넌스 스탠드

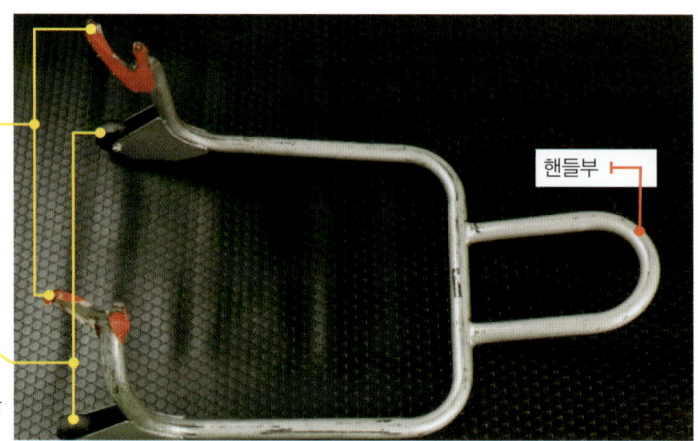

바이크 스윙 암에 장착된 훅에 이 걸쇠를 건다

핸들부

캐스터

이것이 온로드용 메인터넌스 스탠드다. 스윙 암에 장착된 훅에 걸쇠를 걸고 핸들을 눌러 내리면 차체가 들린다

안정성이 높고 보관용으로 쓰기에도 좋다

온로드용 메인터넌스 스탠드(레이싱 스탠드라고 부르기도 한다)는 센터 스탠드가 없는 온로드 바이크를 정비할 때에 도움이 되는 아이템이다. 지면에 닿는 부분이 많아서 안정성이 매우 높다. 정비는 물론 차량을 보관할 때에도 활용할 수 있다. 스티어링 헤드 파이프 하부를 지지하는 방식의 프런트용 메인터넌스 스탠드와 함께 사용하면 손쉽게 전후 타이어를 지면에서 띄워놓을 수 있다. 프런트용, 리어용을 불문하고 온로드용 메인터넌스 스탠드의 지지방식에는 여러 가지 종류가 있다. 구입할 때에는 자기 바이크에 맞는지 반드시 확인하도록 하자.

핸들을 눌러 내린다

차체가 올라간다

스윙 암에 장착된 훅에 걸쇠를 건다

핸들을 눌러 내리면 지렛대 원리로 차체가 쉽게 들린다

3 이점을 명심하자! 바이크 커버를 씌운다

실외에서 바이크 커버를 씌워 보관할 때는 지면으로부터의 습기를 막기 위해 가능한 한 포장로를 선택하는 것이 바람직하다.

맑은 날에는 가끔씩 커버를 벗겨내고 환기를 시키자. 녹이나 곰팡이를 방지하기 위해서 세차나 왁스칠을 함께 해주면 더욱 좋다

씌운 채로 방치하지는 말 것

일반적으로 바이크 커버는 바이크를 집밖에 보관할 경우에 사용하는 것으로 알려져 있지만, 먼지나 오염물질로부터 바이크를 보호하는 기능은 차고나 실내에서 보관할 때에도 당연히 효과적이다. 다만, 몇 개월 이상이나 바이크 커버를 씌워놓은 채로 두는 것은 바람직하지 않다. 특히 실외는 비가 내리거나 습도가 높은 날도 있기 때문에 날씨가 맑은 날에는 가끔씩 커버를 벗겨내고 환기를 시키면 좋다. 바이크 커버 속에는 습기가 차기 쉽다. 실내에서 보관하더라도 마찬가지이므로 가끔씩 환기해 주도록 신경 쓰자.

4 이점을 명심하자! 카뷰레터 플로트 챔버를 비운다

챔버에 드레인이 있다면 드레인을 열어서 남아 있는 가솔린을 빼주자. 드레인이 없다면 챔버를 분해할 필요가 있다

슬러지나 타르 발생을 막는다

장기간 바이크를 타지 않을 때에는 연료 탱크에 가솔린을 가득 채워두는 것이 좋다. 그러나 카뷰레터 바이크의 경우에는 카뷰레터의 플로트 챔버에 남아 있는 가솔린을 비워 놓은 것이 좋다. 남아 있는 가솔린이 휘발하면 변질된 가솔린에서 슬러지나 타르가 발생하게 되고, 이것이 제트 구멍 등 정밀 파트를 손상시킬 우려가 있기 때문이다. 한편, 인젝션 바이크는 연료 필터나 인젝터를 보호하기 위해 정기적으로 시동을 걸어 주면 좋다.

5 이점을 명심하자! 왁스칠을 한다

장기 보관하면 녹이 생기기 쉽다

매일 같이 달리는 바이크와 장기간 실내에서 보관하는 바이크는, 비나 바람을 맞으며 달리는 바이크가 녹이 생기기 쉽다고 여겨지곤 한다. 그러나 자주 운행하는 바이크는 햇빛이나 바람, 엔진의 열 등으로 습기가 쉽사리 말라버리므로 장기간 실내 보관하는 바이크보다 유리하다. 또, 일반적으로 매일 같이 바이크를 타면 그만큼 세차나 왁스칠을 할 기회가 많다. 그렇기 때문에 장기간 세워두는 바이크야말로 왁스칠의 중요성이 더욱 크다고 할 수 있다. 장기간 보관한다고 해서 특수한 왁스칠이 필요한 것은 아니다. 금속 부분에 금속용 왁스나 방청 윤활제를, 플라스틱 부분에는 플라스틱용 왁스를 바르면 된다. 한 달에 한 번, 그것이 번거롭다면 최소한 두 달에 한 번 정도는 왁스칠하는 습관을 기르자.

장기 보관 바이크는 습기, 먼지가 묻기 쉽다. 정기적인 왁스칠은 보기에도 좋고 녹 방지에도 도움이 된다

각 부분의 광택이 흐릿해 보인다면 왁스칠을 해 주도록 하자

금속 부분에 금속용 왁스나 방청 윤활제, 플라스틱 부분에는 플라스틱용 왁스를 바른다

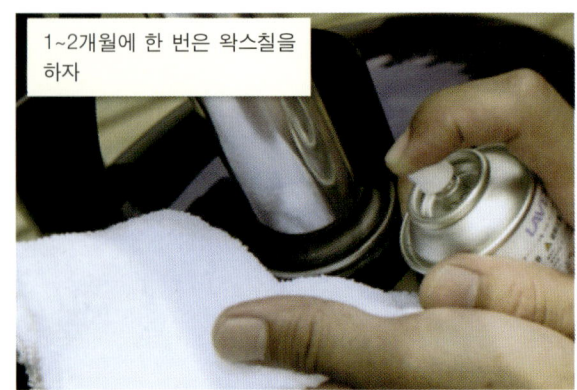

1~2개월에 한 번은 왁스칠을 하자

부드러운 헝겊에 왁스를 바르고 차체에 골고루 발라준다. 왁스 작업은 P35~을 참조

6 이점을 명심하자!
배터리를 분리해 둔다

배터리를 탈착하는 경우에는 접속단자의 극성에 주의하여야 한다. 적색 코드는 플러스이고 흑색 코드는 마이너스이므로 반드시 마이너스를 먼저 떼어낸 후 플러스를 떼어내야 한다.

플러스 측(빨강)에는 단자를 고무제의 커버로 덮어씌우는 것은 마이너스 단자가 어스된 프레임 등의 부분에 접촉하여 쇼트 되는 것을 방지하기 위함이다.

배터리의 건강을 유지하는 비결

겨울철 등 장기간 바이크를 타지 않을 때에는 배터리를 분리해 놓으면 좋다. 배터리를 바이크에 장착한 채로 두고 단자만 뽑아도 좋지만, 충전까지 하려고 한다면 역시 분리해 놓는 편이 편하다. 배터리를 양호한 상태로 유지하는 일은 의외로 손이 많이 간다. 배터리는 가만히 두어도 스스로 조금씩 방전하므로 완전 방전을 막기 위해서는 정기적으로 전압을 측정하고 충전기로 충전하는 작업이 필요하다. 이 작업이 번거롭다면 태양전지를 사용하는 충전기나, 충전기를 물려 놓은 채로 두어도 과충전을 자동으로 막아주는 전용 충전기 등 편리한 기능을 지닌 제품을 사용하도록 하자. 충전기에는 암페어 수가 설정되어 있으므로 자기 바이크에 맞는 충전기를 선택하도록 한다.

이것이 햇빛을 이용하여 발전하는 솔라 패널 타입의 충전기

햇빛으로 발전하는 솔라 패널을 사용한 충전기, 전원을 연결해두면 자동으로 과충전을 방지하는 충전기, 약해진 배터리를 회복시키는 기능을 지닌 충전기 등 다양한 종류가 있다

What's 바이크 속이 보인다

2011년 1월 3일 초판인쇄
2011년 1월 10일 초판발행

감　수 : (사)한국자동차기술인협회
편　저 : GB기획센터
발행인 : 김 길 현
발행처 : 도서출판 골든벨
등　록 : 제 3-132호(87.12.11)
　　　　ⓒ 2011 Golden Bell
ISBN : 978-89-7971-932-1

이 책을 만든 사람들
책임교정 | 이순수
본문디자인 | 광암문화사(최승훈)　　진　행 | 최병석
표지디자인 | 유병용, 이문희　　　　마 케 팅 | 우병춘, 양공용
공급관리 | 류준호, 장효정, 유승재　웹관리자 | 채재석

- 주소 : 140-100　서울특별시 용산구 백범로 90라길 14(문배동)
- TEL : (02)713-4135　　• FAX : (02)718-5510
- E-mail : 7134135@naver.com　• http://www.gbbook.co.kr

※ 파본은 구입하신 서점에서 교환해 드립니다.

정가 15,000원